中电联电力发展研究院

电网技改
检修工程后评价

DIANWANG JIGAI
JIANXIU GONGCHENG HOU PINGJIA

董士波　主　编
王秀娜　游维扬　副主编

U0260767

中国电力出版社
CHINA ELECTRIC POWER PRESS

内 容 提 要

为加强电网企业投资与成本管控，提高电网建设项目投资效益，实现精益管理，中电联电力发展研究院结合多年来的研究成果和大量电网技术改造和检修工程实证案例，编写了《电网技改检修工程后评价》。

本书全面阐述了电网技改检修工程后评价方法和内容、工作组织与管理，以及单项电网生产技术改造工程后评价、电网生产技术改造项目群后评价、电网检修工程后评价实用案例，具有较强的指导性和实用性。

本书适用于项目化管理的电网技术改造和检修项目，也可供项目化管理的电网营销技术改造项目参照实施。

图书在版编目（CIP）数据

电网技改检修工程后评价 / 董士波主编. —北京：中国电力出版社，2019.1
ISBN 978-7-5198-2929-2

Ⅰ.①电… Ⅱ.①董… Ⅲ.①电网—技改工程—项目评价 Ⅳ.① TM7

中国版本图书馆 CIP 数据核字（2019）第 011233 号

出版发行：中国电力出版社
地　　址：北京市东城区北京站西街 19 号（邮政编码 100005）
网　　址：http：//www.cepp.sgcc.com.cn
责任编辑：张　瑶（010–63412503）
责任校对：黄　蓓　闫秀英
装帧设计：赵丽媛　左　铭
责任印制：石　雷

印　　刷：三河市百盛印装有限公司
版　　次：2019 年 1 月第一版
印　　次：2019 年 1 月北京第一次印刷
开　　本：787 毫米 ×1092 毫米　16 开本
印　　张：12.25
字　　数：232 千字
印　　数：0001—2000 册
定　　价：49.00 元

本书编审人员

主　　编　董士波

副 主 编　王秀娜　游维扬

主　　审　周宏宇　俞　敏　屠庆波　谌　毅

　　　　　胡　浩　杨有能　侯　勇

参编人员　朱　蕾　陈冠多　刘福炎　杨小勇

　　　　　何　琳　谷志红　李渊文　韩晓宇

前言

　　自改革开放以来，为全面提高电网建设项目投资效益，我国针对电网建设项目实施后评价。目前，电网建设项目后评价已经逐渐受到了广泛关注。尤其在输配电价监审背景下，电网技术改造和运维检修费用支出成为关注的焦点。究其原因，一方面，随着现代电力系统的不断发展，对电网设备进行升级改造势在必行；另一方面，电网规模的不断扩大使得电网运维检修费用也在逐年增加。在此背景下，针对电网技术改造和运维检修项目开展后评价成为电网企业加强投资与成本管控，实现精益管理的有效路径之一。

　　本书由中电联电力发展研究院负责编撰。全书共分八章，根据《中央企业固定资产投资项目后评价工作指南》（国资发规划〔2005〕92号）、《中央政府投资项目后评价管理办法（试行）》（发改投资〔2008〕2959号）、《建设项目经济评价方法与参数》（第三版，2006）以及《国家发展和改革委关于印发中央政府投资项目后评价管理办法和中央政府投资项目后评价报告编制大纲（试行）的通知》（发改委投资）〔2014〕2129号）等规范性文件的相关要求，结合编写团队多年来的研究成果和大量电网技术改造和检修工程实证案例编写而成。

　　本书力求深入浅出、突出重点、重在实用，以典型的电网技术改造和检修项目为对象，兼顾理论性与实用性，全面阐述了电网技术改造和检修工程后评价概念、工作现状、编制依据和方法、后评价工作的组织与管理。从项目全周期角度，对项目概况、项目前期工作评价、项目实施管理评价、项目竣工验收评价阶段评价、项目运行效益评价、项目后评价结论等部分内容，进行了全面介绍。结合电网技术改造和检修工程特点，引入电网单项生产技改项目后评价实证案例、电网生产技改项目群后评价实证案例和电网检修工程后评价实证案例，使读者能够将电网技术改造和检修后评价的基本理论与实际评价流程相结合，方便读者快速了解和掌握电网技改和检修后评价的评价方法与评价要点。本书所涉及的电网技术改造和检修项目后评价的评价方法及评价要点主要针对进行项目化管理的电网技术改造和检修项目，项目化管理的电网营销技术改造项目可参照实施，不适用于非项目化管理的购置类、维修类等技术改造和检修项目。

目前，电网技术改造项目后评价尚未形成规范标准，而电网检修项目尚未建立评价体系，后评价工作也未全面开展，电网技术改造和检修工程后评价仍在探索中前行，本书旨在抛砖引玉，希望能够对读者有所启发和帮助，但限于编写组学识水平和认知能力，书中考虑不周与论述不足之处在所难免，恳请广大读者批评指正，帮助我们持续改进和不断完善。

中电联电力发展研究院

2018年12月于北京

电网技改检修工程后评价

目 录

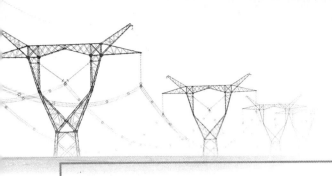

第一章

电网技术改造检修工程后评价概述

项目后评价主要服务于投资决策，是出资人对投资活动进行监管的重要手段。项目后评价已然得到政府管理机构和众多企业的钟爱，并且成为改善企业经营管理和提升投资决策能力的又一大助力。电网技术改造和检修是电力系统运行的重要组成部分，将业已成熟的项目后评价体系应用于电网技术改造检修工程，对于制定可靠和高效的电网技术改造检修计划，提高电网技术改造检修投资的合理性和科学性具有十分重要的意义。

第一节　电网技术改造检修概述

一、电网技术改造

1. 定义

电网技术改造是指在不改变原有平面布置、工艺主体结构和整体工艺系统形式的情况下，以提高生产性能，增加其稳定性、安全性和可靠性为目的，针对生产工艺系统或生产设施中的原有设备、装置进行的更新、改造。

电网技术改造项目根据改造内容可分为生产技术改造项目、营销技术改造项目和非生产性技术改造项目。

2. 分类

（1）生产技术改造。生产技术改造是利用成熟、先进、适用的技术、设备、工艺和材料等，对现有电网生产设备、设施及相关辅助设施等资产进行更新、完善和配套，提高其安全性、可靠性、经济性和满足智能化、节能、环保等要求。

生产技术改造范围包括电网一次设备、自动化系统、调度自动化系统、继电保护及安全自动装置、电力通信系统、自动控制设备、电网生产建筑物、构筑物等辅助及附属设施、安全技术劳动保护设施、非贸易结算电能计量装置、监测装置等。

生产技术改造主要工作包括：

1）更新输、变、配电设备（设施）、辅助及附属设施，促进先进适用技术应用，提高运行可靠性。

2）提高电网调度、通信、继电保护及安全自动装置、自动化等二次系统设备技术水平及运行可靠性。

3）消除影响电网稳定运行的设备缺陷及公用系统、水工建筑和生产辅助系统存在的问题，挖掘设备潜力。

4）降低线损、煤耗、水耗、站用电，提高设备运行经济性。

5）依据有关规定落实安全技术措施、应急措施和预防事故措施。

6）改善劳动条件和劳动保护措施，治理环境污染，满足环保要求。

7）其他生产技术改造项目。

（2）其他技术改造。

1）营销技术改造。营销技术改造是为了保证电力销售、电费回收，提高优质服务能力，采用国内外成熟、适用的先进技术，对电能计量装置、计量自动化系统、营销场所、营销配套设施进行更新、改造、完善。其主要包括计量自动化系统、计量检定设备及其他营销类配套项目。

2）非生产性技术改造。非生产性技术改造是指生产技术改造、营销技术改造以外的技术改造项目，主要包括现有办公场所（综合楼、办公楼等）装修改造，现有周转房装修改造，办公设备和办公家具购置，公务用车购置，以及教育培训基地、物资仓库改造等项目。

3. 特点

电网技术改造以提高输电、变电、调度、通信和配套设备设施安全生产水平为基础；以提高经济效益为中心；以提高设备运维能力、节能降耗、推广应用节能新技术、新设备、环境保护为重点；以国家产业政策、企业有关规定为依据；有重点、有步骤地开展。

（1）资金来源。电网技术改造的投资形成固定资产，是企业的一种资本性支出，其资金主要来自固定资产折旧费。

（2）实施周期。根据电网技术改造项目实际情况，原则上高电压等级技术改造项目完成时间相对较长，低电压等级技术改造项目完成时间相对较短。

（3）管理模式。电网技术改造项目从立项、招投标、实施、闲置物资再利用、竣工验收、结（决）算、档案管理、后评价等实现全过程规范化管理，资产全寿命周期技术经济最优控制。项目实行项目负责人制、招投标制、工程监理制和合同管理制，对贷款技术改造项目实行技术改造项目资本金制。

项目管理过程包括决策阶段、设计阶段、实施阶段、验收阶段和收尾阶段。项目管理要素包含统筹管理、进度管理、质量管理、风险管理、成本管理、采购管理、技术管理、人力资源管理。

1）决策阶段。决策阶段是指由项目纳入规划或项目建议书开始，经决策下达计划的阶段，包括规划管理、前期计划及费用管理、可行性研究管理、计划管理、计划调整管理、应急项目管理等环节。

由企业相关部门制定技术改造项目指导原则、准入条件，满足技术改造项目规划、立项依据的需要，并根据实际情况进行修编。

电网技术改造项目需要进行有规划地编制，随着生产的实际开展，可进行滚动修编；各专业规划项目经审批后纳入前期项目储备库；纳入前期项目储备库后应编制项目可行性研究报告；按照企业投资原则，将项目储备库中的项目列入下一年度项目计划。

2）设计阶段。设计阶段是指对已列入年度项目计划的项目，开展设计管理工作，包括初步设计阶段和施工图设计阶段。

原则上非购置类项目应开展设计工作，满足设计深度要求，方案先进、造价合理，项目设计在通过审查后方可开展后续工作。设计工作应建立和完善项目设计管理机制，规范设计内容，保证设计质量，提高设计水平。

3）实施阶段。实施阶段是指运用所具备的人、财、物对项目进行相关建设活动的过程，并最终完成项目建设工作的阶段，主要包括现场实施、项目监理、设计变更等环节。

4）验收阶段。验收阶段是项目实施完成后对项目实施内容开展验收工作直至项目成果交付完成的阶段，主要包括竣工验收、启动投运、投产移交等环节。

5）收尾阶段。收尾阶段是指在工程投产移交后进行结（决）算管理、档案管理、总结回顾、后评价管理的阶段。

项目竣工验收合格后，方可开展项目结（决）算工作。原则上在项目投产移交后一定时间内报审项目结算；项目竣工投产后一定时间内，完成档案移交工作。

项目应开展项目后评价工作，由项目决策单位选择有代表性的项目按有关后评价管理规定对项目目标、实施过程、效益、作用及其影响进行全面、系统、客观的分析和量化评价，总结经验，吸取教训，提出对策建议，建立项目后评价反馈机制，持续改进项目决策管理水平。技术改造项目管理流程如图1-1所示。

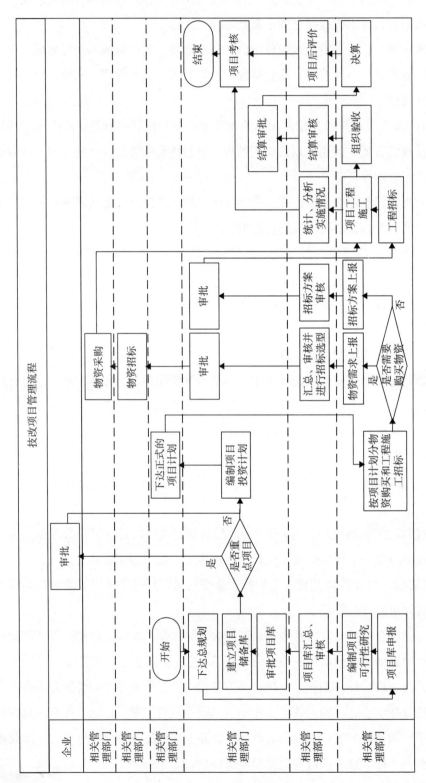

图1-1 技术改造项目管理流程

二、电网检修

1. 定义

电网检修是指对固定资产的主要组成部分进行周期性更换、检修和维护，恢复固定资产的原有形态和生产能力，提高设备的健康水平，以保证电力生产设备安全、经济、稳定、可靠而开展的一种企业成本支出。

电网检修项目是对输电、变电、配电供应相关设备及相应配套的辅助性生产、生活及福利设施、建筑、培训设施、车辆等固定资产的主要部件进行周期性更换、检修和维护而实施的检修项目。电网检修按检修内容可分为生产性修理和非生产性修理。

2. 分类

（1）生产性修理。生产性修理是指与电力生产有直接关系的固定资产修理，按检修内容可分为设备修理和辅助设施修理，按实施性质可分为大修和日常维修。

1）大修。大修是指对现有设备设施的主要部件或组成部分进行更换和检修（包括整体性检修及局部性检修），恢复固定资产的原有形态和生产能力。

2）日常维修。日常维修是指与电力生产有直接关系或间接关系的固定资产一般性检修或维护性检修，按专业可分为输变电、继电保护自动化、通信网络、信息和非生产性五大类。

（2）非生产性修理。非生产性修理是指与电力生产有间接关系的固定资产修理，如行政办公楼、交通工具等修理项目。

3. 特点

（1）实施周期。电网检修项目原则上应当年立项当年完成，重大输变电大修项目经批准可跨年度。

（2）管理模式。电网检修项目以实现电网的安全、经济、优质运行为基础，以提高设备运行健康水平为核心，不断提高电网的经济效益和社会效益；不改变资产主体性质、不发生资产增值；对影响电网安全稳定的项目优先安排；坚持"应修必修、修必修好"的原则。

大修项目根据设备状态评价、技术经济效益分析和有关技术标准合理制定工作计划，完成项目实施的规范化管理。

1）项目立项阶段原则。检修项目立项应以保证各专业相关设备及其配套的附属设施、建筑、车辆、培训及仓储设施等固定资产的正常运行为总体原则，应不改变资产主体性质。

2）项目前期阶段管理。项目专业管理部门发布下一年度检修项目计划编制要求，实施单位根据固定资产的实际状况及生产经营的需要，根据项目的必要性、紧迫性和可行性，考虑投资效益，择优选取项目，追求风险、效能、成本三者综合最优，合理地控制投资规模和成本发生。按照轻重缓急的原则，从项目储备库中选择项目编制下一年度的检修项目计划，并进行项目优选排序。包含建筑安装费用的检修项目需编制《检修项目可行性研究报告》或《检修项目申请书》。

应急项目（备用金）在编制和下达计划时单独列项，对于抢险救灾、设备抢修等应急项目，可先行实施。

3）项目实施阶段管理。电网检修项目的主要实施环节包括实施计划管理、招标管理、合同管理、设计管理、采购管理、现场施工管理、竣工验收管理和启动投产管理等。

4）竣工验收阶段管理。包含建筑安装费用的检修项目都必须进行竣工验收。

5）项目收尾阶段管理。项目收尾阶段是指在工程投产移交后进行结算管理、档案管理、总结回顾和后评价管理的阶段。

项目建设单位在检修项目投产后，及时进行项目结算工作。检修项目不需进行财务决算。

需进行设计的检修项目竣工投产后一定时间内，按规定完成竣工图编制工作，完成竣工资料移交。

项目专业管理部门每年选择各专业有代表性的项目进行后评价。

第二节　电网技术改造检修工程后评价概述

一、后评价

1. 项目后评价定义

项目后评价是指通过对项目实施过程、结果及其影响进行调查研究和全面系统回顾，与项目决策时确定的目标以及技术、经济、环境、社会指标进行对比，找出差别和变化，分析原因，总结经验，汲取教训，得到启示，提出对策建议，通过信息反馈，改善投资管理和决策，达到提高投资效益的目的。

项目后评价的对象是工程项目。工程项目作为一个复杂的系统工程，是由多个可区别但又相关的要素组成的具有特定功能的有机整体，其整体功能就是要实现确定的项目目标。工程项目系统通过与外部环境进行信息交换及资源和技术的输入，建设实施完成，最后向外界输出其产品。工程项目的控制系统由施控系统和受控系统构成，其各项状态参数随时间变化而产生动态变化。项目后评价就是运用现代系统工程与反馈控制的管理理论，对项目决策、实施和运营结果做出科学的分析和判定。项目后评价的反馈控制过程是：投资决策者根据经济环境需要，通过决策评价确定项目目标，以目标制定实施方案；通过对方案的可行性分析和论证，把分析结果反馈给投资决策者，这种局部反馈能使投资决策者在项目决策阶段中及时纠正偏差，改进完善目标方案，做出正确的决策并付诸实施；在项目实施阶段，执行者将实施信息及时反馈给决策管理者，并通过项目中间评价提出分析意见和建议，使决策者掌握项目实施全过程的动态，及时调整方案和执行计划，使项目顺利实施并投入运营；当项目运营一段时间后，通过项目后评价将建设项目的经济效益、社会效益与决策阶段的目标相比较，对建设和运营的全过程作出科学、客观的评价，反馈给投资决策者，从而对今后的项目目标做出正确的决策，以提高投资效益。

项目后评价遵循的是一种全过程管理的理念，是在项目周期各个阶段的实践中分析总结出成功经验和失败教训，对已完成的项目进行的系统而客观的分析评价，以确定项目的目标、目的、效果和效益的实现程度。因此，从项目周期来看，项目后评价位于项目周期的末端环节，如图1-2所示。

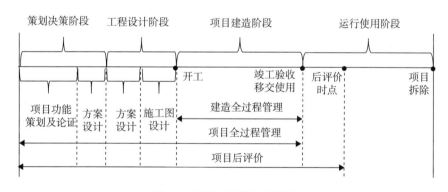

图1-2　项目全过程建设程序

从项目寿命周期和项目投资管理方面而言，项目后评价也是对项目进行诊断。项目后评价具有透明性和公开性的特点，可以通过对投资活动成绩和失误的主客观原因进行分析，比较客观公正地确定投资决策者、管理者和建设者在工作中存在的实际问题，从而进一步提高工作水平，完善和调整相关政策及管理程序。项目后评价对完善已建项目、改进在建项目和指导待建项目都具有重要的意义，已成为项目全寿命周期中的重要环节和加强投资项目管理的重要手段。

2. 项目后评价主要内容

项目后评价，一般需要总结与回顾项目全过程（含项目前期、准备阶段、实施阶段、生产运行阶段等）的基本情况，根据各阶段的工作要求进行程序合规性、合法性评价，管理合理性、有效性评价，实施效果实现程度、持续性评价。具体评价内容如下：

（1）项目前期工作水平评价。根据有关规程和规定，评价可行性研究报告质量、项目评估或评审意见的科学性、项目核准（审批）程序的合法性、项目决策的科学性。

（2）项目准备阶段工作评价。对照初步设计内容深度规定、招投标制度和开工条件等有关管理规定，评价工程建设准备阶段相关工作的充分性、合规性。

（3）项目实施过程评价。从建设工期、投资管理、质量控制、安全管理及文明施工等方面，评价项目建设实施的"四控制"（即安全控制、进度控制、质量控制、投资控制）质量与水平，建设实施过程的科学合理性。

（4）项目运营情况评价。从技术和设备的先进性、经济性、适用性和安全性等方面评价项目技术水平；从项目实施相关者管理、项目管理体制和机制、投资监管成效等方面评价项目经营管理评价。

（5）项目经济效益评价。经济效益评价根据项目实际发生的财务数据，进行财务分析，计算成本利润率、资产回报率、资产负债率、利息备付率和偿债备付率，评价项目的获利能力和偿债能力。

（6）项目环境影响和社会效益评价。对环境存在较大影响的项目，进行环境达标情况、项目环境设施建设和制度执行情况、环境影响和生态保护等方面的环境影响评价。从项目的建设实施对区域（宏观经济、区域经济）发展的影响，对区域就业和人民生活水平提高的影响，对当地政府的财政收入和税收的影响等方面评价项目的社会效益。

（7）项目目标实现程度和持续性评价。按照项目的建设目的与其在生产运行中发挥的作用，以及前期预测的财务指标与运营中实际的财务指标对比，评价项目目标实现程度。从项目内部因素和外部条件等方面评价整个项目的持续发展能力。

（8）评价结论及建议。对项目进行综合评价，找出重要问题，总结主要经验教训，提出有借鉴意义和可操作性的对策建议及措施。

3. 项目后评价的作用和意义

随着电网的发展和管理规模的不断扩大，电网整体结构越来越复杂，新设备的大量投入和复杂多变的运行方式进一步加大对电网运行进行有效控制的难度。电网技术改造检修作为电力系统运行计划中十分重要的部分，是保证电力设备健康运行的必要手段。电网技术改造检修将影响设备的利用率、故障率、可靠性、使用寿命、人力物力财力的消耗，以及电力企业的整体效益等诸多方面，制定可靠而又高效的技术改造检修计划具有十分重要的意义。

电力项目后评价管理对已建电力项目和后续计划项目都具有十分重要的指导意义。通过建立电网技术改造检修项目后评价模式，形成从项目立项到项目完成的闭环环节，规范项目的准入条件，从而优化项目资金预算安排，构筑电网技术改造检修项目管理工作的反馈机制。通过及时有效的信息反馈，为未来新项目的决策和提高投资决策管理水平提供参考，同时也为后评价项目实施运营中出现的问题提供解决思路，从而达到提高项目效益的目的。

后评价是对项目进行的诊断。项目后评价的主要作用可概括为"一反馈三前馈"。

反馈：对项目经营管理活动进行诊断，提出完善项目运营的建议意见

项目运营效果是企业经营管理水平的重要指标。项目后评价是在项目运营阶段进行的，因而可以分析和研究项目投产初期和达产时期的实际情况，比较实际情况与预测情况的偏离程度，探索产生偏差的原因，提出切实可行的措施，从而促使项目运营状态正常化，充分释放生产能力，发挥预期功效，实现项目经济效益和社会效益。

前馈：对项目全过程管理进行分析，提出提升项目管理水平的建议意见

投资项目后评价是典型的全过程管理分析应用工具，通过开展项目规划到运营全过程的回顾总结，对已建成项目各阶段目标实现程度进行分析评价，挖掘目标未实现的深层次原因，评价项目的可延续性和可重复性，总结提炼项目管理经验和教训，改进在建项目，指导待建项目，为待建项目提供可重复性借鉴，提高项目管理水平。

前馈2：对项目组织管理工作进行总结，提出规范企业管理体系的建议意见

项目后评价涉及规划、前期、计划、基建、生产、财务、调度、市场等诸多部门，只有建立规范的组织管理体系流程，各司其职，协同配合，后评价工作才能顺利进行。而通过开展项目后评价，除了能够建立形成成熟的后评价组织工作管理流程外，还能够评价实际已建项目管理流程的规范性和科学性，提出建设性改进意见和建议。

前馈3：对项目投资效果实现程度进行评估，提出提供企业决策能力的建议意见

投资效益效果是投资项目管理后评价的核心内容之一，投资效益效果的实现与否是反映投资项目成败的关键性标志。通过对比决策阶段和运营阶段各物理、经济、社会、安全效益效果指标，分析各决策目标实现程度，挖掘未实现的深层次原因，为各部门提供有针对性的意见、建议和决策依据的同时，提高各部门决策的科学性和合理性。

二、后评价起源与发展

项目后评价作为公共项目部门管理的一种工具，其基本原理产生于20世纪30年代，处于经济大萧条时期的美国，主要是对由政府控制的新分配投资计划所进行的后评价。1936年，美国颁布了《全国洪水控制法》，正式规定运用"成本–效益"分析方法评价洪水控制项目和水资源开发项目。到了20世纪70年代中期才慢慢地被许多国家和世界银行在其资助活动中使用。迄今为止，项目后评价已得到众多国家包括国际金融组织越来越多的重视与应用。项目后评价理论的发展主要可以分为三个时期。

第一个时期是1830～1930年的产生与发展的初级阶段。古典派经济学者从亚当斯密到米歇尔基本上都集中对私有企业追求最高利润的行为进行分析；而富兰克林是最早使用项目的费用–效益分析方法来进行项目评价的；1844年，法国工程师杜皮特发表论文《公共工程项目效用的度量》，首次提出消费者剩余和公共工程社会效益的概念。

第二个时期是1930～1968年的传统社会费用–效益方法的发展与应用阶段。代表方法是基于福利经济学和凯恩斯理论的社会费用效益分析方法；1960年以前，传统的成本–效益分析法在美国水利和公共工程领域得到应用与初步发展，而在1960年以后，成本–效益分析法进一步深化和完善。对它的应用从公共工程部门开始向农业、工业和其他经济部门发展，并向欧洲和发展中国家推广。在发展中国家，项目后评价引起了人们的极大兴趣，并取得了显著的改进。

第三个时期是从1968年至今的新方法产生与应用阶段。1971年，联合国工业发展组织在《项目评估指南》中提出新方法；1980年，又出版了《工业项目评估手册》一书，并提出以项目对国民收入的贡献作为判断项目价值的标准；目前，项目评价理论已得到世界各国越来越广泛的重视与采用，并成为西方发达国家及一些发展中国家管理过程中必不可少的一部分，而且国外项目评价已经形成了较为完善的体系。

美国是全球项目后评价发展最早、最快的国家之一。20世纪30年代，美国为监督国会"新政"政策实施效果，产生了项目后评价的雏形。20世纪60年代，美国在"向贫困宣战"中投入巨额公共资金，使项目后评价快速发展，并逐步推广到地方和企业，促进了项目后评价理论及其体系在国际金融组织和世界各国项目投资监督与管理中的广泛应用。大部分发达国家在其国家预算中有一部分资金用于向第三世界投资，为了保证该项资金使用的效果，各国会在项目后评价部门中设立一个相对独立的办公室专门用来从事对海外援助项目的后评价。

目前，世界各地的后评价机构主要是对国家预算、计划和项目进行评价。随着全球社会与经济发展的变化，各国在后评价机构中设置了各种法律法规明确的管理运行机制、行之有效的方法与程序。美国是全世界项目后评价工作发展最早最迅速的国家之一，后评价范围开始仅限于国家政府，后来慢慢地走向地方，并且在其他性质企业中也逐步增强。

我国在20世纪80年代中后期引入项目后评价，由原国家计划委员会首先提出开展后评价工作，并选择部分项目作为试点，同时委托中国人民大学开展项目后评价理论、方法的研究。自此，国家各部门开始相继重视后评价，国家各部委、各行业部门、各高等院校及研究机构陆续承担国家主要项目的后评价工作。我国相关部门和单位出台的项目后评价文件如表1-1所示。

表1-1　我国相关部门和单位出台的项目后评价文件

时间	部门/单位	项目后评价文件名称
1988年	国家计划委员会	《关于委托进行利用国外贷款项目后评价工作的通知》
1991年	国家计划委员会	《国家重点建设项目后评价工作暂行办法（讨论稿）》
	国家审计署	《涉外贷款资助项目后评价办法》
1992年	中国建设银行	《中国建设银行贷款项目后评价实施办法（试行）》
1993年		《贷款项目后评价实用手册》
1996年	国家计划委员会	《国家重点建设项目管理办法》
	交通部	《公路建设项目后评价工作管理办法》
2002年	原国家电力公司	《关于开展电力建设项目后评价工作的通知》
2004年	国务院	《国务院关于投资体制改革的决定》
2005年	国资委	《中央企业固定资产投资项目后评价工作指南》
2008年	国家发展改革委员会	《中央政府投资项目后评价管理办法（试行）》
2014年	国资委	《中央企业固定资产投资项目后评价工作指南》
2014年	国家发展改革委员会	《关于印发〈中央政府投资项目后评价管理办法和中央政府投资项目后评价报告编制大纲（试行）〉的通知》

经过近30年的发展，由于各部门项目后评价工作的组织和开展，相应的后评价方法也得到制定，学术界也一直在做相关研究并取得一定的成果。在参考国际有关组织的后评价工作与方法及其他评价方法的基础上初步形成我国自己的后评价体系，并且许多中央大型企业都设立了投资项目后评价工作管理的兼职和专职机构，已经或正在编制自己行业或企业具体的投资项目后评价实施细则和操作规程。

三、电网技术改造检修工程后评价现状

1. 电网技术改造检修工程后评价类型

按照被评项目涵盖范围的不同，电网技术改造检修工程后评价可分为四类：①单

项技术改造检修工程后评价；②以整站或整线为对象的所有技术改造检修项目后评价；③某一区域某年度或若干年度同类技术改造检修项目后评价；④某一区域某年度或若干年度所有技术改造检修项目后评价。

2. 电网技术改造检修工程后评价内容深度规定

（1）电网技术改造检修工程后评价管理办法制订情况。随着后评价制度的不断深化，电网项目的管理体制也在不断完善。2005年国资委颁布《中央企业固定资产投资项目后评价工作指南》（国资委发展规划〔2005〕92号），国家发展改革委员会分别于2008年和2014年颁布《中央政府投资项目后评价管理办法（试行）》（发改投资〔2008〕2959号）、《关于印发〈中央政府投资项目后评价管理办法和中央政府投资项目后评价报告编制大纲（试行）〉的通知》（发改投资〔2014〕2129号），健全政府投资项目后评价制度，规范后评价工作程序、评价内容、成果应用和监督管理方式。各电网企业根据国家后评价管理要求，配套印发固定资产投资项目后评价管理办法，使后评价体系得到全面完善。

同时，项目后评价管理模式也正在电网企业的技术改造项目中进行推广，国家电网公司印发了《生产技术改造项目后评价管理规定》（国家电网企管〔2014〕752号），中国南方电网有限公司印发了《关于印发技改、科技、信息化项目后评价内容深度指导意见的通知》（南方电网计〔2013〕94号），全面规范技术改造项目后评价工作的开展。但目前各电网企业尚未形成电网检修项目后评价体系，也未颁布相关规定。

本书涉及的电网技术改造检修工程后评价内容及方法主要针对一类项目，即以项目化管理的单项生产技术改造或大修工程的后评价，其他类型的技术改造、检修项目可参考编制。

（2）电网技术改造工程后评价内容规定。

1）项目概况。对项目建设全过程整体情况进行回顾与总结。

2）项目前期工作评价。根据有关规定，评价项目可行性研究报告深度、项目评审的合理性、项目立项的合规性及项目决策的科学性等。

3）项目实施准备工作评价。对照项目初步设计内容深度、招投标执行情况、开工条件、过渡方案等有关内容，评价项目建设准备工作。

4）项目实施过程评价。

a. 合同执行与管理评价。评价项目合同签订是否及时规范及合同条款履行情况。

b. 进度管控评价。评价项目进度控制水平，以项目建设里程碑计划为基准进行偏差分析，找出偏差发生的原因，总结经验。

c. 变更和签证评价。主要评价设计变更、现场签证的频发度和手续的完备性。

d. 投资控制评价。对比项目实际竣工决算与投资概算指标，评价项目投资控制水平，依据项目批准概算进行偏差分析，找出偏差发生的原因，总结控制投资经验。

e. 质量管理评价。根据竣工验收结果和设备投运后的状态评价情况，全面评价工程质量和设备质量，总结经验。

f. 安全控制评价。根据项目实施过程中发生设备故障或人身伤亡、引起其他设备故障停运次数等指标，对照安全管理有关规定，评价项目实施过程的安全管理水平，总结经验。

g. 物资拆旧及利旧评价。根据项目可行性研究阶段对拆除设备的再利用方案，评价退役设备再利用工作。

5）项目竣工验收阶段评价。对项目竣工验收组织、过程、整改情况、报告完整性，工程结算计费依据，工程决算和转资及时性、正确性等情况及项目档案管理情况进行评价。

6）项目运行绩效评价。

a. 项目运营绩效评价。从安全、效能、效益方面，对项目投运后的生产运营情况与标准规定的性能指标偏差进行评价。

b. 项目社会效益评价。仅对社会有影响的项目进行社会效益评价，主要评价内容包括占地补偿、树木赔偿情况，是否带动社会经济发展、推动产业技术进步等。

c. 项目环境影响评价。仅对环境存在较大影响的项目进行环境影响评价，主要评价内容包括项目环境达标情况、项目环境保护设施建设情况，以及对环境和生态保护方面相关规定的执行情况等。

7）项目后评价结论。项目目标实现程度是对整个项目建设目标完成情况进行整体评价，从四个方面进行判断：

a. 项目工程建成，项目的建设工程完工、设备安装调试完成，竣工验收投产。

b. 项目技术和能力，装置、设施和设备的运行达到设计能力和技术指标，质量达到国家或企业标准。

c. 项目建设目标基本实现，电网结构得到优化、设备健康水平得到改善、生产管理水平得到提高等。

d. 项目建设对国民经济、环境生态、社会发展的影响。

（3）电网检修工程后评价内容规定。

1）项目概况。介绍项目总体情况，包含项目实施地点、项目批复时间、设备投运年限、检修历史记录、设备缺陷、设备隐患、主要检修内容、检修成效、参建单位等。

2）项目前期工作评价。

a. 项目前期组织评价。评价电网检修项目立项的必要性和组织流程的规范性。

b. 可行性研究报告编制深度评价。评价可行性研究报告的内容是否完整，编制格式和深度是否符合国家、行业、企业的相关规定，项目实施方案技术水平对比是否合理。

c. 项目可行性研究报告审批。分析可行性研究报告的编制、评审、批复等组织情况，评价编制单位资质、审批流程是否符合国家、行业、企业的相关规定。

3）项目实施管理评价。

a. 项目实施准备工作评价。评价设计的内容是否完整，编制格式和深度是否符合相关管理规定的要求。检查项目需要招标的内容是否进行招标，招标采购过程是否满足项目实施管理要求。评价项目开工前是否做好准备工作。

b. 项目实施过程管理评价。

（a）合同执行与管理评价。评价项目合同的签订是否规范，流程是否合规，对比合同中主要条款的执行情况并对执行差异部分进行原因责任的分析。

（b）进度管控评价。对比项目施工实际进度与计划进度的差异，分析实际进度超前或滞后的原因。

（c）成本管控评价。分析施工实际费用与预先计划的偏差，评价项目实施过程中的成本管控水平。

（d）质量管理评价。检查各类配件产品质量是否合格，评价设备试验、项目监理等关键工作的质量管理措施落实情况。

（e）安全控制评价。检查项目安全措施制定及施工过程中安全事故发生的情况，评价项目安全控制情况。

4）项目验收阶段评价。

a. 项目验收工作。分析项目竣工验收组织、验收过程、验收结论，评价竣工验收工作的质量。

b. 结算管理评价。评价项目是否开展全口径结算，施工、设计、监理等单位结算是否在规定时间内完成。分析项目审价开展情况，评价审价报告是否准确、合理。

c. 档案管理评价。评价项目归档工作是否在规定时间内完成，是否包括了项目全过程档案资料，评价文档质量。

5）项目运行效益评价。

a. 项目运营绩效评价。从安全、效能、效益方面，对项目投运后的生产运营情况与前期目标及规程、规范的性能指标偏差进行评价。

b. 项目社会效益评价。根据项目检修目的的不同，评价项目在提高供电质量、保障公共安全和社会稳定、保障生产安全运行、美化市容市貌和节约公共资源等社会责任承担方面的积极影响和作用。

c.项目环境影响评价。分析项目施工期间对噪声、废水、扬尘、弃渣、生态影响等环境影响因素所采取的保护措施及投运后各指标情况，评价其是否符合国家、地方环境保护政策、法规、标准的要求。

6）总结与分析。对项目进行综合分析，评价项目目标的实现程度，总结可为同类项目借鉴的经验教训，针对项目存在的不足之处，提出改进措施；针对企业项目管理不足之处，提出改进建议。

3.电网技术改造检修工程后评价现存问题

（1）电网技术改造检修工程后评价对象范围仍需明确。近年来，国家电网公司、南方电网公司等大型电力企业均开展了不同类型的电网技术改造工程后评价工作，并取得了一定的经验，制定了相关的电网技术改造工程后评价管理规范。但在后评价对象的选择方面仍缺乏明确的选定标准和实施准则，如何有效剔除电网技术改造检修工程中不满足后评价工作开展条件的项目，平衡电网技术改造检修工程项目群后评价覆盖范围，提升电网技术改造检修后评价工作的科学性和有效性，是现阶段电网技术改造检修工程后评价亟需解决的问题。需针对不同技术改造与检修项目进行区分，重点针对投资较大、项目化管理的工程开展后评价工作。

（2）电网技术改造检修工程效果效益评价方法待完善。2009年，国家能源局发布《输变电工程经济评价导则》（DL/T 5438—2009）指出，可行性研究阶段按照本标准的规定进行财务分析，项目后评价可参照使用。现阶段，电网技术改造检修工程后评价经济效益的评价仍参考输变电工程后评价开展，但一方面电网技术改造检修工程种类多样，目标繁杂，其经济效益界面难以划分。另一方面电网技术改造检修工程的成本统计口径难以对应评价口径；导致电网技术改造检修工程效益评价准确度较差，在客观评价工程效果效益方面仍存在一定差距，效果效益评价方法仍需完善。

（3）电网技术改造检修工程后评价指标体系尚未建立。目前国内尚未建立统一完整的电网技术改造检修工程后评价指标体系。由于电网技术改造检修工程包含种类较多，具体工作内容涉及众多专业领域，不同类型的技术改造检修工程之间往往差异较大，单独一套后评价指标体系无法适应不同种类的技术改造检修工程，需结合项目类型、特点及具体的管理办法，采用不同的指标体系，区分单个项目与集群项目评价，针对不同专业、不同类型的电网技术改造检修项目设置不同的指标体系。

第二章

电网技术改造检修工程后评价方法

项目后评价方法的基础理论是现代系统工程与反馈控制的管理理论。项目后评价也应遵循工程咨询的方法与原则。项目后评价的主要分析评价方法是对比分析法，即根据后评价调查得到的项目实际情况，对照项目立项时所确定的直接目标和宏观目标及其他指标，找出偏差和变化，分析原因，得出评价结论和经验教训。项目后评价的对比法包括前后对比、有无对比和横向对比。项目后评价调查是采集对比信息资料的主要方法，包括现场调查和问卷调查。项目后评价的主要综合评价方法是逻辑框架法。逻辑框架法是通过投入、产出、直接目的、宏观影响四个层面对项目进行分析和总结的综合评价方法。

项目后评价的具体方法很多，一般可分为调查收集资料方法、对比分析方法和综合评价方法，这几种方法中既含有定性方法也含有定量方法。

第一节　调查收集资料方法

一、方法综述

调查收集资料的方法很多，有资料收集法、现场访谈法、问卷调查等。一般视项目的具体情况，后评价的具体要求和资料搜集的难易程度，选用适宜的方法。在条件许可时，往往采用多种方法对同一调查内容相互验证，以提高调查成果的可信度和准确性。

工程收集资料是项目后评价的重要工作，有时需要多次收集资料并对资料的完整性和准确性进行确认。工程后评价工作方案确定后，根据项目特点制定工程资料收集表，在现场收集资料期间需要逐条确认。

二、方法类型

1. 资料收集法

这是一种通过收集各种有关经济、技术、社会及环境资料，选择其中对后评价有用的相关信息的方法。就电网技术改造检修工程后评价而言，工程前期资料及报批文件、工程建设资料、工程招投标文件、监理报告、工程调试资料、工程竣工验收资料，以及变电或线路运行资料和相关财务数据等都是后评价工作的重要基础资料。

2. 现场访谈法

一般地，后评价人员应到项目现场进行实际考察，例如到集控车间对比相关数据与生产月报是否相符，环境实时检测记录，设备维护保养情况等，从而发现实际问题，客观地反映项目实际情况。

3. 问卷调查法

问卷调查法也称"书面调查法"，或称"填表法"，是用书面形式间接收集研究材料的一种调查手段。通过向调查者发出简明扼要的征询单（表），请示填写对有关问题的意见和建议来间接获得材料和信息的一种方法，要求全体被调查者按事先设计好的意见征询表中的问题和格式回答所有同样的问题，是一种标准化调查。问卷调查所获得的资料信息易于定量，便于对比。

第二节 对比分析方法

一、方法综述

数据或指标对比是后评价分析的主要方法，常用于单一指标的比较。对比分析包括定量分析和定性分析两种。在项目后评价中，宜采用定量分析和定性分析相结合，以定量计算为主，定性分析为补充的分析方法。与定量计算一样，定性分析也要在可比的基础上进行"设计效果"与"实际效果"对比分析和"有工程"与"无工程"的对比分析。

二、方法类型

1. 量化维度对比分析法

（1）定量分析法。定量分析法是指运用现代数学方法对有关的数据资料进行加工处理，据以建立能够反映有关变量之间规律性联系的各类预测模型的方法体系。对于各项生产指标，经济效益、社会影响、环境影响评价方面，凡是能够采用定量数字或指标表示其效果的方法，统称为定量分析法。

（2）定性分析法。定性分析法也称"非数量分析法"，是主要依靠预测人员的丰富实践经验及主观的判断和分析能力，推断出事物的性质、优劣和发展趋势的分析方法。这种方法主要适用于一些没有或不具备完整的历史资料和数据的事项。在电网技术改造检修后评价中，有些指标（如宏观经济态势、管理水平、宗教影响、拆迁移民影响等）一般很难定量计算，只能进行定性分析。

2. 方式维度对比分析法

（1）有无对比法。有无对比法是通过比较有无项目两种情况下项目的投入物和产出物可获量的差异，识别项目的增量费用和效益。其中"有""无"是指"未建项目"和"已建项目"，有无对比的目的是度量"不建项目"与"建设项目"之间的变化。通过有无对比分析，可以确定项目建设带来的经济、技术、社会及环境变化，即项目真实的经济效益、社会和环境效益的总体情况，从而判断该项目对经济、技术、社会、环境的作用和影响。对比的重点是要分清项目的作用和影响与项目以外因素的作用和影响。对比分析法的关键，是要求投入的代价与产出的效果口径一致，也即所度量的效果要真正归因于项目。

（2）前后对比法。前后对比法是项目实施前后相关指标的对比，用以直接估量项目实施的相对成效。一般情况下，"前后对比"是指将项目实施之前与完成之后的环境条件及目标加以对比，以确定项目的作用与效益的一种对比方法；在项目后评价中，则是指将项目前期的可行性研究和评估等建设前期文件对于技术、经济、环境及管理等方面的预测结论与项目的实际运行结果相比较，以发现变化和分析原因。例如，项目建设前期关于环境影响方面需要编制环境影响报告书，工程竣工后需要根据实际测量结果出具环境影响验收报告，这两组数据一个是建设前的预测数据，一个是建设后的实际数据，这种对比用于揭示计划、决策和实施的质量，是项目过程评价应遵循的原则。"前后对比"作为"有无对比"的辅助分析方法，有利于反映项目建设的真实效果与预期效果的差距，有利于进一步分析变化的原因，提出相应的对策和建议。

（3）横向对比法。横向对比法是指同一行业内类似项目相关指标的对比，用以评价企业（项目）的绩效或竞争力。横向对比一般包括标准对比和水平对比。标准对比是指项目建设和运行数据是否符合行业标准和国家标准，是否符合国家或行业行政审批、环境保护等政策、法规和标准。水平对比主要是为了更好地评价项目的技术先进性，需要与相同电压等级或容量等相类似工程的技术、经济、环境和管理等方面的指标进行对比，除了需要进行行业对比外，还应与国际先进指标进行对比，发现差距和不足，提出进一步改进的措施。

第三节　综合评价方法

一、方法综述

项目后评价在对经济、社会、环境效益和影响进行定量与定性分析评价后，还需进行综合评价，求得工程的综合效益，从而确定工程的经济、技术、社会、环境总体效益的实现程度和对工程所在地的经济、技术、社会及环境的影响程度，得出后评价结论。

二、方法类型

1. 全生命周期成本理论

全生命周期成本（life cycle cost，LCC），是指设备在有效使用期间所发生的与该设备有关的所有成本，它包括设备设计成本、制造成本、采购成本、使用成本、维修保养成本、废弃处置成本等。对设备购置和使用等费用的综合评估，有利于提升设备性能、RAMS（可靠性、可用性、维修性和安全性）等要求，同时降低后期的使用成本。

电力设备LCC包括初始投资成本、运行成本、检修维护成本、故障损失成本和退役处置成本，均以现值计算。计算模型（见图2-1）为

$$LCC = CI + CO + CM + CF + CD$$

式中：CI为投资成本；CO为运行成本；CM为检修维护成本；CF为故障成本；CD为退役处置成本。

（1）投资成本（见图2-2），即

投资成本=旧设备拆除费+设备购置费+安装调试费+土建基础费+其他费用

（2）运行成本CO（见图2-3），即

运行成本=设备能耗费+日常巡视检查费+环境保护费+其他费用

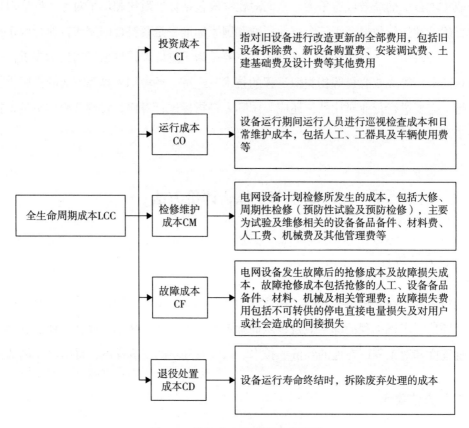

图2-1　设备全生命周期成本模型

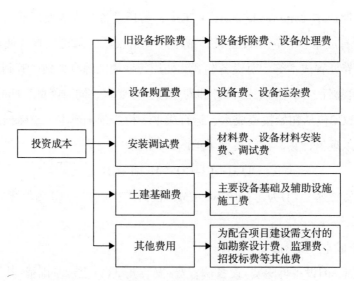

图2-2　投资成本模型

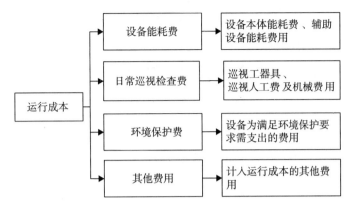

图2-3　运行成本模型

（3）检修维护成本（见图2-4），即

检修维护成本=检修费+部件购置费+其他费用

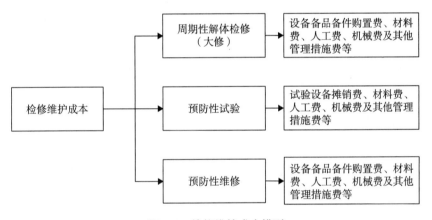

图2-4　检修维护成本模型

（4）故障成本（见图2-5），即

故障成本=故障检修费+故障损失费

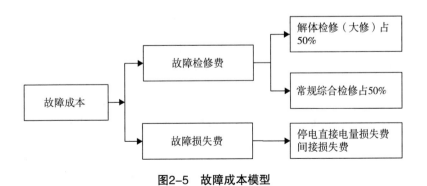

图2-5　故障成本模型

（5）退役处置成本。退役处置成本包括设备退役时处置的人工、设备费用及运输费和设备退役处理时的环境保护费用，并减去设备退役时的残值。

该方法适用于项目实施前后的成本在全生命周期内的有明显变化的项目。

2. 多属性综合评价方法

综合评价要解决三方面的问题。首先是指标的选择和处理，即指标的筛选、指标的一致化和无量纲化；其次是指标的权重计算；第三是计算综合评价值。

综合评价是指对被评价对象所进行的客观、公正、合理的全面评价。如果把被评价对象视为系统，上述问题可抽象地表述为：在若干个（同类）系统中，如何确认哪个系统的运行（或发展）状况好，哪个系统的运行（或发展）状况差，这是一类常见的所谓综合判断问题，即多属性（或多指标）综合评价问题（the comprehensive evaluation problem）。对于有限多个方案的决策问题，综合评价是决策的前提，而正确的决策源于科学的综合评价。甚至可以这样说，没有（对各可行方案的）科学的综合评价，就没有正确的决策。因此，多属性综合评价的理论、方法在管理科学与工程领域中占有重要的地位，已成为经济管理、工业工程及决策等领域中不可缺少的重要内容，且有着重大的实用价值和广泛的应用前景。

（1）层次分析法。20世纪70年代，美国著名运筹学家萨蒂提出了一种多目标、多准则的决策方法——层次分析法（AHP）。它能将一些量化困难的定性问题在严格数学运算的基础上定量化；将一些定量、定性混杂的问题综合为统一整体进行综合分析。特别是这种方法在解决问题时，可对定性、定量之间转换、综合计算等解决问题过程中人们所作判断的一致性程度等问题进行科学检验。

在多指标评判中，既可用层次分析法对评价指标体系的多层次、多因子进行分析排序以确定其重要程度，又能对复杂系统进行综合评判，还可以用于多目标、多层次、多因素的决策问题。

1）构建可持续发展指标体系的递阶层次结构。递阶层次结构就是在一个具有H层结构的系统中，其第一层只有一个元素，各层次元素仅属于某一层次，且结构中的每一元素至少与该元素的上层或下层某一元素有某种支配关系，而属于同一层的各元素间及不相邻两层元素间不存在直接的关系。

在任何一个综合指标体系中，由于所设置指标承载信息的类型不同，各指标子系统及具体指标项在描述某一社会现象或社会状况过程中所起作用的程度也不同，因此，综合指标值并不等于各分指标简单地相加，而是一种加权求和的关系，即

$$S=\sum_{i=1}^{n} w_i f_i(I_i) \qquad i=1,2,\cdots,n \qquad (2-1)$$

式中：$f_i(I_i)$ 为指标 I_i 的某种度量（指标测量值）；w_i 为各指标权重值，满足 $\sum_{i=1}^{n} w_i = 1$，$0 \leqslant w_i \leqslant 1$。

下述层次分析法的有关运算过程主要是针对如何科学、客观地求取递阶层次结构综合指标体系的权重值展开。

2）基于层次分析法的评级指标权重的确定。

a. 根据影响评价对象的主要因素，建立系统的递阶层次结构以后，需要运用层次分析法确定各评级指标的权重，大致可分为四个步骤进行：以上一层次某因素为准，它对下一层次诸因素有支配关系，两两比较下一层次诸因素对它的相对重要性，并赋予一定分值，一般采用萨蒂提出的 1~9 标度法，见表2-1。

表2-1 标度的含义

标度	含义
1	表示两个元素相比，具有同样重要性
3	表示两个元素相比，前者比后者稍微重要
5	表示两个元素相比，前者比后者明显重要
7	表示两个元素相比，前者比后者强烈重要
9	表示两个元素相比，前者比后者极端重要
2, 4, 6, 8	表示上述相邻判断的中间值
上述值的倒数	若元素 i 与元素 j 的重要性之比为 a_{ij}，那么元素 j 与元素 i 重要性之比为 $a_{ji} = 1/a_{ij}$

b. 由判断矩阵计算被比较元素对于该准则的相对权重。依据判断矩阵求解各层次指标子系统或指标项的相对权重问题，在数学上也就是计算判断矩阵最大特征根及其对应的特征向量问题。以判断矩阵 H 为例，即

$$HW = \lambda W \qquad (2-2)$$

式中：H 为判断矩阵；λ 为特征根；W 为特征向量，解出 $\max(\lambda)$ 及对应的 W。将 $\max(\lambda)$ 所对应的最大特征向量归一化，就得到下一层相对于上一层的相对重要性的权重值。

c. 由于判断矩阵是人为赋予的，故需进行一致性检验，即评价矩阵的可靠性。对判断矩阵的一致性检验的步骤为：萨蒂在 AHP 中引用判断矩阵最大特征根以外的其余特征根的负平均值，作为度量人们在建立判断矩阵过程中所作的所有两两比较判断偏离一致性程度的指标 CI（consistency index）。

$$CI = \frac{\lambda \max - n}{n - 1} \qquad (2-3)$$

式中：n 为判断矩阵阶数；$\lambda_{\max}$ 为判断矩阵最大特征根。判断矩阵一致性程度越高，CI 值越小。当 $CI = 0$ 时，判断矩阵达到完全一致。根据式（2-3）可以把一系列定性问题定量

化过程中认知判断的不一致性程度用定量的方式予以描述，实现了思维判断的准确性、一致性等问题的检验。

在建立判断矩阵过程中，思维判断的不一致只是影响判断矩阵一致性的原因之一，用1~9比例标度作为两两因子比较的结果也是引起判断矩阵偏离一致性的另一个原因，且随着矩阵阶数的提高，所建立的判断矩阵越难趋于完全一致。这样对于不同阶数的判断矩阵，仅仅根据CI值来设定一个可接受的不一致性标准是不妥当的。为了得到一个对不同阶数判断矩阵均适用的一致性检验临界值，就必须消除矩阵阶数的影响。因此，萨蒂在进一步研究的基础上，提出用与阶数无关的平均随机一致性指标RI来修正CI值，用一致性比例CR=CI/RI代替一致性偏离程度指标CI，作为判断矩阵一致性的检验标准。

RI值是用于消除由矩阵阶数影响所造成的判断矩阵不一致的修正系数，见表2-2。

表2-2　1~10阶判断矩阵RI值

阶数	1	2	3	4	5	6	7	8	9	10
RI	0.00	0.00	0.58	0.90	1.12	1.24	1.32	1.41	1.45	1.49

在通常情况下，对于$n \geq 3$阶的判断矩阵，当$CR < 0.1$时，就认为判断矩阵具有可接受的一致性。否则，当$CR \geq 0.1$时，说明判断矩阵偏离一致性程度过大，必须对判断矩阵进行必要的调整，使之具有满意的一致性为止。

AHP中，对于所建立的每一判断矩阵都必须进行一致性比例检验。这一过程是保证最终评价结果正确的前提。

当$CR < 0.1$时，认为判断矩阵的一致性是可以接受的，否则应对判断矩阵做适当修正。

d. 计算各层因素对系统的组合权重，并进行排序。前面已阐明，可持续发展指标体系的综合计量值为

$$S=\sum_{i=1}^{n} w_i f_i(I_i) \quad i=1, 2, \cdots, n \qquad (2-4)$$

是指标体系最末层各具体指标项相对于最高层A的组合权重值。而由各判断矩阵求得的权重值，是各层次指标子系统或指标项相对于其上层某一因素的分离权重值。因此需要将这些分离权重值组合为各具体指标项相对于最高层的组合权重值。组合权重计算公式为

$$w_i=\prod_{j=1}^{k} w_j \qquad (2-5)$$

式中：w_j为第i个指标第j层的权重值；k为总层数。

每个判断矩阵一致性检验通过并不等于整个递阶层次结构所做判断具有整体满意的

一致性，因此还要进行整体一致性检验。

该方法适用于根据后评价报告分析内容建立递阶层次结构和相应的评价指标体系，并利用两两判断矩阵确定代表各层级指标相对重要性的权重。

（2）模糊综合评价。模糊综合评价是通过构造等级模糊子集把反映被评事物的模糊指标进行量化即确定隶属度，然后利用模糊变换原理对各指标进行综合，一般需要按以下步骤进行：

1）确定评价对象的因素论域

$$U=\{u_1,u_2,\cdots,u_p\} \tag{2-6}$$

也就是p个评价指标。

2）确定评价等级论域

$$V=\{v_1,v_2,\cdots,v_m\} \tag{2-7}$$

即等级集合，每一个等级对应一个模糊子集。

3）进行单因素评价，建立模糊关系矩阵$\boldsymbol{R}$。在构造了等级模糊子集后，就要逐个对被评事物从每个因素$u_i(i=1,2,\cdots,p)$上进行量化，也就是确定从单因素来看被评事物对各等级模糊子集的隶属程度，进而得到模糊关系矩阵

$$\boldsymbol{R}=\begin{pmatrix} r_{11} & r_{12} & \cdots & r_{1m} \\ r_{21} & r_{22} & \cdots & r_{2m} \\ \cdots & \cdots & \cdots & \cdots \\ r_{p1} & r_{p2} & \cdots & r_{pm} \end{pmatrix}_{p\times m} \tag{2-8}$$

矩阵$\boldsymbol{R}$中元素r_{ij}表示某个被评事物的因素u_i对v_j等级模糊子集的隶属程度。

4）确定评价因素的模糊权向量$\boldsymbol{A}=\left(a_1,a_2,\cdots,a_p\right)$。一般情况下，$p$个评价因素对被评事物并非是同等重要的，各单方面因素的表现对总体表现的影响也是不同的，因此在合成之前要确定模糊权向量。

5）利用合适的合成算子将$\boldsymbol{A}$与各被评事物的$\boldsymbol{R}$合成得到各被评事物的模糊综合评价结果向量$\boldsymbol{B}$。

$\boldsymbol{R}$中不同的行反映了某个被评价事物从不同的单因素来看对各等级模糊子集的隶属程度。用模糊权向量$\boldsymbol{A}$将不同的行进行综合就可得该被评事物从总体上来看对各等级模糊子集的隶属程度，即模糊综合评价结果向量$\boldsymbol{B}$。模糊综合评价的模型为

$$\boldsymbol{A}\cdot\boldsymbol{R}=\left(a_1,a_2,\cdots,a_p\right)\begin{pmatrix} r_{11} & r_{12} & \cdots & r_{1m} \\ r_{21} & r_{22} & \cdots & r_{2m} \\ \cdots & \cdots & \cdots & \cdots \\ r_{p1} & r_{p2} & \cdots & r_{pm} \end{pmatrix}=\left(b_1,b_2,\cdots,b_m\right)\cdot\boldsymbol{B} \tag{2-9}$$

其中b_j是由A与R的第j列运算得到的，它表示被评事物从整体上看对v_j等级模糊子集的隶属程度。

6）对模糊综合评价结果向量进行检验并分析。每个被评事物的模糊综合评价结果都表现为一个模糊向量，这与其他方法中每个被评事物得到一个综合评价值是不同的，它包含了更丰富的信息。如果要进行排序，可以采用最大隶属程度原则、加权平均原则或模糊向量单值化方法对评价结果向量进行排序对比。

该方法适用于将定性指标定量化，通过模糊隶属程度函数，将定性指标用一个分值表示其指标的优劣或高低程度，便于确定最终评价总分。

3. 逻辑框架法

逻辑框架法（LFA）是美国国际开发署（USAID）在1970年开发并使用的一种设计、计划和评价工具，目前已有2/3的国际组织把LFA作为援助项目的计划管理和后评价的主要方法。

（1）逻辑框架法的目标层次。LFA是一种概念化论述项目的方法，即用一张简单的框图来清晰地分析一个复杂项目的内涵和关系，使之更易理解。LFA是将几个内容相关、必须同步考虑的动态因素组合起来，通过分析其相互之间的关系，从设计策划到目的目标等方面来评价一项活动或工作。LFA为项目计划者和评价者提供了一种分析框架，用以确定工作的范围和任务，并对项目目标和达到目标所需要的手段进行逻辑关系的分析。逻辑框架汇总了项目实施活动的全部要素，并按宏观目标、具体目标、产出成果和投入的层次归纳了投资项目的目标及其因果关系。

1）宏观目标。项目的宏观目标即宏观计划、规划、政策和方针等所指向的目标，该目标可通过几个方面的因素来实现。宏观目标一般超越了项目的范畴，是指国家、地区、部门或投资组织的整体目标。这个层次目标的确定和指标的选择一般由国家或行业部门选定，与国家发展目标相联系，并符合国家产业政策、行业规划等的要求。

2）具体目标。具体目标也叫直接目标，是指项目的直接效果，是项目立项的重要依据，一般应考虑项目为受益目标群体带来的效果，主要是社会和经济方面的成果和作用。这个层次的目标由项目实施机构和独立的评价机构来确定，目标的实现由项目本身的因素来确定。

3）产出。这里的"产出"是指项目"干了些什么"，即项目的建设内容或投入的产出物，一般要提供可计量的直接结果，直截了当地指出项目所完成的实际工程，或改善机构制度、政策法规等。在分析中应注意，在产出中项目可能会提供的一些服务和就业机会，往往不是产出而是项目的目的或目标。

4）投入和活动。该层次是指项目的实施过程及内容，主要包括资源和时间等的投入。

（2）逻辑框架法的逻辑关系。LFA的模式是一个框架表格，横行代表项目目标的层次（垂直逻辑），竖行代表如何验证这些目标是否达到（水平逻辑）。垂直逻辑用于分析项目计划做什么，弄清项目手段与结果之间的关系，确定项目本身和项目所在地的社会、物质、政治环境中的不确定因素。水平逻辑的目的是要衡量项目的资源和结果，确立客观的验证指标及对其指标的验证来进行分析。水平逻辑要求对垂直逻辑4个层次上的结果做出详细说明。

1）垂直逻辑关系。上述各层次的主要区别是，项目宏观目标的实现往往由多个项目的具体目标所构成，而一个具体目标的取得往往需要该项目完成多项具体的投入和产出活动。这样，四个层次的要素就自下而上构成了三个相互连接的逻辑关系。

第一级是如果保证一定的资源投入，并加以很好地管理，则预计有怎样的产出；第二级是如果项目的产出活动能够顺利进行，并确保外部条件能够落实，则预计能取得怎样的具体目标；第三级是项目的具体目标对整个地区乃至整个国家更高层次宏观目标的贡献关联性。这种逻辑关系在LFA中称为"垂直逻辑"，可用来阐述各层次的目标内容及其上下层次间的因果关系。

2）水平逻辑关系。水平逻辑分析的目的是通过主要验证指标和验证方法来衡量一个项目的资源和成果。与垂直逻辑中的每个层次目标相对应，水平逻辑对各层次的结果加以具体说明，由验证指标、验证方法和重要的假定条件所构成，形成了LFA的4×4的逻辑框架。

在项目的水平逻辑关系中，还有一个重要的逻辑关系就是重要假设条件与不同目标层次之间的关系，主要内容是：一旦前提条件得到满足，项目活动便可以开始。一旦项目活动开展，所需的重要假设也得到了保证，便应取得相应的产出成果。一旦这些产出成果实现，同水平的重要假设得到保证，便可以实现项目的直接目标。一旦项目的直接目标得到实现，同水平的重要假设得到保证，项目的直接目标便可以为项目的宏观目标做出应有的贡献。对于一个理想的项目策划方案，以因果关系为核心，很容易推导出项目实施的必要条件和充分条件。项目不同目标层次间的因果关系可以推导出实现目标所需要的必要条件，这就是项目的内部逻辑关系。而充分条件则是各目标层次的外部条件，这是项目的外部逻辑。把项目的层次目标（必要条件）和项目的外部制约（充分条件）结合起来，就可以得出清晰的项目概念和设计思路。

逻辑框架分析方法不仅仅是一个分析程序，更重要的是一种帮助思维的模式，通过明确的总体思维，把与项目运作相关的重要关系集中加以分析，以确定"谁"在为

"谁"干"什么""什么时间""为什么"及"怎么干"。虽然编制逻辑框架是一件比较困难和费时的工作，但是对于项目决策者、管理者和评价者来讲，可以事先明确项目应该达到的具体目标和实现的宏观目标，以及可以用来鉴别其成果的手段，对项目的成功计划和实施具有很大的帮助。

（3）逻辑框架法的工作思路。将项目几个内容紧密相关、必须同步考虑的动态因素组合起来，通过分析它们之间的逻辑关系来评价项目的目标实现程度和原因，以及项目的效果、作用和影响。逻辑框架法不是具体后评价完整的评价程序，而是为后评价人员提供一个分析工程项目建设工作成败得失的逻辑模式，是一种综合、系统地研究和分析问题的思维框架模式。通过应用逻辑框架法来确立项目目标层次间的逻辑关系，用以分析项目的效率、效果、影响和持续性。

1）项目效率评价主要反映项目投入与产出的关系，即反映项目把投入转换为产出的程度，也反映项目管理的水平。

2）项目效果评价主要反映项目的产出对项目目的和目标的贡献程度。

3）项目影响分析主要反映项目目的与最终目标间的关系，评价项目对当地社区的影响和非项目因素对当地社区的影响。

4）项目可持续性分析主要通过项目产出、效果、影响的关联性，找出影响项目持续发展的主要因素，并区别内在因素和外部条件提出相应的措施和建议。其基本模式见表2-3。

表2-3　项目后评价逻辑框架表

项目描述	可客观验证的指标			原因分析		项目可持续能力
	原定指标	实现指标	差别或变化	内部原因	外部条件	
项目宏观目标						
项目直接目的						
产出/建设内容						
投入/活动						

该方法适用分析不同内容的评价结果之间及评价结果与内外部因素之间的逻辑关系。

4. 成功度法

（1）基本概念。项目后评价需要对项目的总体成功度进行评价，即项目成功度评价。该方法需对照项目可行性研究报告和前评估所确定的目标和计划，分析项目实际实现结果与其差别，以评价项目目标的实现程度。在做项目成功度评价时，要十分注意项目原定目标的合理性、可实现性及条件环境变化带来的影响并进行分析，以便根据实际情况评价项目的成功度。

成功度评价是依靠评价专家或专家组的经验，对照项目立项阶段及规划设计阶段所确定的目标和计划，综合各项指标的评价结果，对项目的成功程度做出定性的结论。成功度评价是以逻辑框架法分析的项目目标的实现程度和经济效益分析等方法的评价结论为基础，以项目的目标和效益为核心，所进行的全面系统的评价。

成功度评价法的关键在于要根据专家的经验建立合理的指标体系，结合项目的实际情况，并采取适当的方法对各个指标进行赋权，对人的判断进行数量形式的表达和处理。常用的赋权法有主观经验赋权法、德尔菲法、两两对比法、环比评分法、层次分析法等。

（2）项目成功度的标准。项目后评价的成功度可以根据项目的实现程度可定性地分为5个等级，即成功、基本成功、部分成功、不成功、失败，见表2-4。

表2-4　工程项目后评价成功度标准

评定等级	成功度	成功度标准	分值
A	成功	（1）项目的各项目标都全面实现或超过； （2）相对成本而言，取得巨大的效益	80~100
B	基本成功	（1）项目的大部分目标已经实现； （2）相对成本而言，达到了预期的效益和影响	60~79
C	部分成功	（1）项目实现了原定的部分目标，相对成本而言，只取得了一定的效益和影响； （2）项目在产出、成本和时间进度上实现了项目原定的一部分目标，项目获投资超支过多或时间进度延误过长	40~59
D	不成功	（1）项目在产出、成本和时间进度上只能实现原定的少部分目标； （2）按成本计算，项目效益很小或难以确定； （3）项目对社会发展没有或只有极小的积极作用或影响	20~39
E	失败	（1）项目原定的各项目标基本上都没有实现； （2）项目效益为零或负值，对社会发展的作用和影响是消极或有害的，或项目被撤销、终止等	0~19

（3）成功度的测定。项目成功度是通过成功度表来进行测定的，成功度表设置了评价项目的主要指标。在评价具体项目的成功度时，不一定要测定所有的指标。评价者需要根据项目的类型和特点，确定表中的指标和项目相关程度，将它们分为重要、次重要、不重要三类，在表中第二栏（相关重要性）中填注。一般对不重要的指标不用测定，只需测定重要和次重要的指标，根据项目具体情况，一般项目实际测定的指标选在

10项左右。

在测定指标时采用评分制，可以按照表2-4中评定标准的第1～5的五个级别分别用A、B、C、D、E表示。通过指标重要性分析和各单项成功度的综合分析，可得到项目总的成功度指标，也用A、B、C、D、E表示。

项目的成功度评价法使用的表格是根据项目后评价任务的目的与性质确定的，我国各个组织机构的表格各有不同，表2-5为国内比较典型的项目成功度评价分析表。

表2-5　成功度评价分析表

序号	评定项目指标	项目相关重要性	评定等级
1	宏观目标和产业政策		
2	决策及其程序		
3	布局与规模		
4	项目目标及市场		
5	设计与技术装备水平		
6	资源和建设条件		
7	资金来源和融资		
8	项目进度及其控制		
9	项目质量及其控制		
10	项目投资及其控制		
11	项目经营		
12	机构和管理		
13	项目财务效益		
14	项目经济效益和影响		
15	社会和环境影响		
16	项目可持续性		
17	项目总评		

该方法适用于根据项目最终评价得分和评价标准判断项目的成功程度。

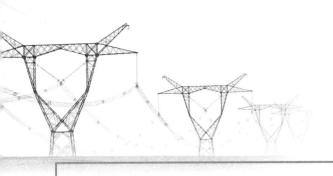

第三章

电网技术改造检修工程后评价工作组织与管理

电网技术改造检修工程后评价是一项系统性、复杂性的工程，其评价的开展也是一个涉及面广、多阶段性的工作。电网技术改造检修工程后评价工作的开展，有两个主要责任主体：一个是后评价委托单位，即后评价工程项目单位（统称为"项目单位"）；另一个是后评价咨询单位（统称为"咨询单位"）。在咨询单位接受工作委托后，一般在委托同一年度出具评价成果，期间需要发展策划、基建、财务营销等多个相关部门的密切配合，经历项目启动、报告编制、评审验收等多个阶段。清晰明确的工作组织流程、丰富多样的报告形式、切实有效的成果应用方式，能从后评价工作开展的角度，提升后评价报告质量，提高后评价组织与管理的科学化程度，从而实现"评有依据、评有计划、评有效果、改有方法"。

第一节　后评价工作组织流程

一、后评价工作流程

电网技术改造检修工程后评价工作的开展，主要涉及项目立项、项目委托、项目启动、报告编制、评审验收和成果应用六个阶段。在不同阶段，两大责任主体的工作内容，围绕具体实施要求有所差异。

各阶段项目单位工作内容，主要包括项目计划申报、下达年度计划、委托咨询机构、配合编制报告、验收评价报告、反馈评价意见和成果推广应用等，具体见图3-1。

各阶段咨询单位工作内容，主要包括接受后评价委托任务、成立后评价项目组和制定工作计划、编制收集资料清单、召开启动会和收集资料、现场调研和座谈、编制报告初稿和报告评审验收等环节，具体见图3-2。

各阶段项目单位与咨询单位的工作，虽有差异，但形成交互与互动，具体见图3-3。

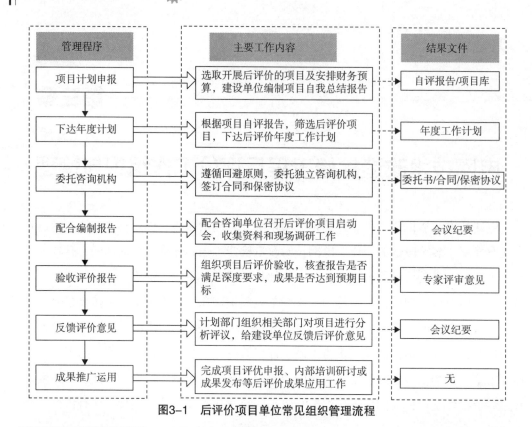

管理程序	主要工作内容	结果文件
项目计划申报	选取开展后评价的项目及安排财务预算，建设单位编制项目自我总结报告	自评报告/项目库
下达年度计划	根据项目自评报告，筛选后评价项目，下达后评价年度工作计划	年度工作计划
委托咨询机构	遵循回避原则，委托独立咨询机构，签订合同和保密协议	委托书/合同/保密协议
配合编制报告	配合咨询单位召开后评价项目启动会，收集资料和现场调研工作	会议纪要
验收评价报告	组织项目后评价验收，核查报告是否满足深度要求，成果是否达到预期目标	专家评审意见
反馈评价意见	计划部门组织相关部门对项目进行分析评议，给建设单位反馈后评价意见	会议纪要
成果推广运用	完成项目评优申报、内部培训研讨或成果发布等后评价成果应用工作	无

图3-1　后评价项目单位常见组织管理流程

编制程序	主要工作内容	结果文件
接受后评价委托任务	具有相应资质的工程咨询机构接受后评价委托任务，签订合同和保密协议	合同及保密协议
成立后评价项目组和制定工作计划	受托方根据项目的合同要求、工作内容和性质、项目评价重点，成立后评价项目组，并制定工作计划	工作计划
编制收集资料清单	受托方编写收集资料清单，该清单所列文件应全面且详细	收资清单
召开启动会和收集资料	召开项目后评价启动会是关键环节，保证高效高质量的收集资料	收资登记表
现场调研和座谈	收集资料后，根据项目特点等，编制调研提纲和重点调研内容。联系项目单位，开展现场调研和座谈	调研提纲、调研报告、专家意见
分析整理资料，编制报告初稿	编制组成员在完成收集资料和现场调研后，按照设计的架构进行详细的分组分工，开始报告撰写工作	后评价报告初稿
报告评审验收	项目单位后评价牵头部门组织规划、基建、运维检修、调度、财务等相关部门和专家对后评价成果进行评审验收	评审意见

图3-2　后评价咨询单位常见工作流程

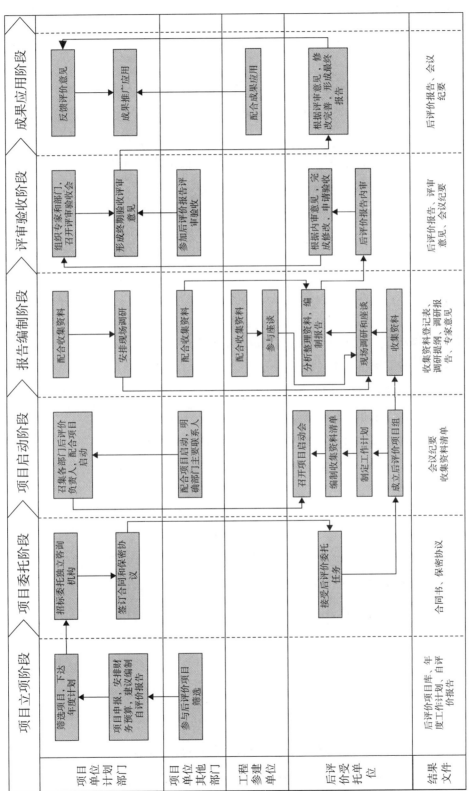

图3-3　后评价工作流程图

二、后评价实施操作

1. 项目立项阶段

电网技术改造检修项目后评价结合工作重点可以选取同类项目整体评价，也可以选取具有典型性的技术改造项目或检修项目进行后评价。项目单位筛选具体的后评价工程，主要原则如下：

（1）投资金额较大或建设过程中存在问题的技术改造检修项目。

（2）对电网的安全稳定运行有重大影响的项目。

（3）施工方案、设备购置方案较复杂或涉及招标的设备、施工队伍数量较多的技术改造检修项目。

（4）对节约资源、保护生态环境、促进社会发展有重大影响的项目。

（5）采用新技术、新工艺、新设备，具有一定示范性，或对其他项目具有借鉴和指导作用的项目。

（6）为保障供电可靠性而进行的技术改造检修项目。

（7）其他特殊需求指定项目。

开展后评价的项目应具备如下条件：

（1）工程项目完工并运行一年及以上。

（2）工程项目完成结/决算审批及各项审计工作。

（3）具有较完整的、涵盖项目全过程（从项目申报至评价截止日期）的基础资料。

2. 项目委托阶段

项目单位选择咨询单位应遵循回避原则，即凡是承担项目可行性研究报告编制、评估、设计、监理、项目管理、工程建设等业务的机构不宜从事该项目的后评价工作。在确定后评价咨询单位后，双方签订后评价合同及保密协议。合同中应约定的内容（包括但不限于）：后评价的内容和深度要求、资料的提供及协作事项、咨询团队的人员构成、合同履行期限、研究成果的提交和验收等。保密协议中应约定的内容（包括但不限于）：保密信息及范围、双方权利及义务、违约责任、保密期限和争议解决等。

3. 项目启动阶段

咨询单位接受项目单位后评价委托后，应根据项目的合同要求、工作内容和性质、项目评价重点等，充分考虑满足项目单位的质量和进度要求，成立后评价项目组，并制定详细的工作计划。

（1）成立项目组。咨询单位首先要确定一名项目负责人或项目经理，然后组建后评价项目组。项目组建议采用如图3-4所示的组织结构，后评价项目组下设领导组、编制组和专家组。

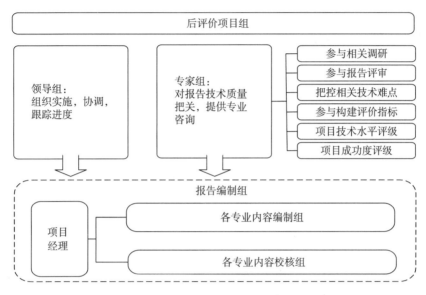

图3-4　后评价项目组组成

编制组成员尽可能涵盖项目实施中的所有专业，专家组成员构成应分为内部专家及外聘专家，且不应是参与过此项目前评估或项目实施工作的人员。内部专家，即为咨询单位内部的专家，他们熟悉项目后评价过程和程序，了解后评价的目的和任务，便于项目后评价工作的顺利实施；外聘专家，即为咨询单位机构以外的独立咨询专家，具有丰富的特长及经验，可弥补咨询单位内部专业人员的不足。

（2）制定工作计划。项目经理根据合同要求，主要是进度和成果要求，制定工作计划，并经项目组评审，以明确分工、落实责任。工作计划内容包括项目计划进度、项目组成员分工、工作重点、质量目标、研究路线和方法。评审内容包括工作计划是否充分、技术路线是否可行、研究方法是否合理、研究内容是否完整。工作计划是后评价工作的龙头，编制要尽可能周详，明确每一步工作计划的相关要求，以指导项目启动、现场调研、收集资料、编写报告和项目验收等工作。

（3）编制收集资料清单。编制组成员根据工作计划分工及原已完成类似项目或以往同一项目单位的资料收集经验，编写收集资料清单，收集资料清单应说明拟收集资料的文件内容、提资部门和重要程度等，该清单所列文件应全面且详细。收集资料清单格式见表3-1。

表3-1 收集资料清单格式

序号	文件	提资部门（参考）	重要程度
1			
2			
…		…	…

项目经理根据各编制成员所列的收集资料清单，修改补充完善，避免清单所列文件遗漏和重复，形成最终项目后评价收集资料清单。

（4）召开启动会。项目后评价最重要的基础工作为收集资料，收集资料能否顺利开展，决定了咨询单位能否按进度保质保量地完成后评价报告。为高效率地收集资料，召开项目后评价启动会是关键环节。一方面，通过召开启动会，项目单位后评价工作牵头部门可以召集各部门后评价具体负责人，明确主要联系人，便于针对收集资料工作项目单位责任到人；另一方面，咨询单位可以通过启动会，与项目单位各部门建立联系，方便在后评价工作中进行沟通；第三，通过启动会，项目单位和咨询单位可以逐项落实收集资料清单文件和提资部门，同时确认提资的完成时间。

4. 报告编制阶段

（1）资料收集。咨询单位编制组成员按照工作计划和项目收集资料清单的要求开展有关信息、数据、资料的收集和整理等工作，填写收集资料登记表，具体格式见表3-2。

表3-2 收集资料登记表

序号	资料编号	资料名称	提交时间	提交部门	提交人	接收人	是否需归还	资料形式
1								
2								
…	…	…	…	…	…	…	…	…

后评价编制组资料收集完成后，应对各种资料进行分类、整理和归并，去粗取精，去伪存真，总结升华，使资料具有合理性、准确性、完整性和可比性。同时，项目组需对资料进行全面认真地分析，研究针对该项目的特点，根据项目单位委托要求和后评价工作的需要，项目负责人组织专家组和编制组充分讨论，编制下一步现场调研的提纲和重点内容。

（2）现场调研和座谈。咨询单位后评价项目负责人需提前和项目单位后评价牵头部门负责人沟通现场调研时间，双方敲定调研具体时间后，咨询单位开具后评价调研函，主要内容应包括调研日程安排、参建单位代表、项目单位相关部门代表、专家组人员名单、后评价调研提纲和重点调研内容、查阅的主要资料和核准的主要数据等。调研函应提前几周时间出具，以便项目单位有充分的时间准备现场调研材料和安排现场调研，保证现场调研的工作质量和效率。

1）现场调研。根据后评价调研计划，开展现场调研工作。首先调研组参观项目现场，听取项目运行单位和建设单位的总体汇报。然后调研组分专业深入调研，查阅相关资料，对有疑问的数据进行核准；根据调研提纲，对前期收集资料过程中发现的问题与运行单位和建设单位进行讨论，在讨论过程中，调研组应安排专人做好会议纪要。对现场调研中难以解决和需要核准的数据，要进一步落实提供准确资料和数据的负责人、联系人和提交完善后的资料、数据的期限，保证在后评价报告编制过程中发现的问题能及时有效地沟通。

2）座谈。调研组可通过召开现场座谈会的方式，收集真实、完整的项目资料、数据和信息，通过与项目单位相关部门代表和参建单位代表（包括设计单位、监理单位、施工单位、物资采购单位和调试单位）座谈，了解项目在决策、施工和验收等各个阶段的特殊点，以及需在项目评价过程中重点关注的内容。调研组通过现场座谈了解的一手信息，可以再进一步查看现场和查阅档案资料，就相关问题进行充分讨论，达成共识。

现场调研结束后，专家组成员根据调研提纲和重点调研内容，编制调研报告，作为后评价报告编写的重要依据，指导下一步编制组的报告编写工作。

（3）配合收集资料和调研。在报告编制过程中，项目单位配合咨询单位完成收集资料和调研工作。

（4）编制报告。咨询单位编制组成员在完成收集资料和现场调研后，按照设计的架构进行详细的分组分工，开始报告撰写工作。项目组成员需深入挖掘资料内容，力争能够全面、真实、深刻地反映项目投资决策，发现问题，查找原因，寻求对策，做好各项分析研究工作。针对评价项目的实施情况，运用调查收集资料、对比分析和综合评价等后评价方法，通过对照项目立项时所确定的直接目标和宏观目标及其他指标，对比项目周期内实施项目的结果及其带来的影响与没有项目时可能发生的情况，找出偏差和变化，以度量项目的真实效益、影响和作用，对项目的决策、实施、运行、目标实现程度及项目的可持续性等进行客观评价，总结经验教训，针对项目存在的问题，提出切实可行的建议。

在报告撰写过程中，项目负责人需根据工作进度要求及质量要求等，跟踪项目进展情况，及时组织协调专家组解决在报告撰写过程中遇到的问题及困难等。

5. 评审验收阶段

在后评价报告编写完成后，咨询单位应向项目单位牵头部门申请后评价验收，汇报后评价报告的主要成果。项目单位组织相关部门和专家对后评价成果进行评审验收，对报告内容是否满足后评价编制提纲的深度要求、后评价结论的全面性、存在问题的客观性及对策建议的可操作性等进行评审，对评价数据结论的准确性、依据的可靠性、分析对比指标的合理性等进行讨论，提出评审验收意见。

（1）验收专家组要求。验收专家组成员数量原则上应为5人及以上的单数，且专业应覆盖规划/计划、建设、生产、调度运行、财务等相关领域。项目承担单位可推荐验收专家1~3人，也可提交不宜参加验收的专家名单（需注明原因）。原则上，课题组成员所在单位人员及课题顾问不能作为验收专家组成员。验收专家需具有高级职称，行政部门领导限1人。

（2）验收依据。验收专家组根据合同对后评价报告进行验收，主要评估后评价工作是否客观、公正，是否达到合同中的要求及评价深度的情况，并由验收组长确定验收意见。

（3）深度要求。报告深度应满足国家发展和改革委员会、国资委和各电力公司相关后评价报告深度文件的要求。

（4）验收结论。验收结论主要分为通过验收、重新审议、不通过验收三种。

1）通过验收。按规定日期完成任务、达到合同规定的要求、经费使用合理，视为通过验收。

2）重新审议。由于提供文件资料不详难以判断，或目标任务完成不足，但原因难以确定等导致验收结论争议较大的，视为需要重新审议。

3）不通过验收。凡具有下列情况之一的按不通过验收处理：未达到项目规定的主要技术、经济指标的；所提供的验收文件资料不真实的。

（5）经费支付。后评价报告通过验收后，项目单位根据合同相关条款完成咨询单位经费支付。

（6）成果移交。咨询单位根据评审意见完成报告修改后，将最终报告及验收的相关材料一并报送项目单位。

6. 后评价成果应用阶段

该阶段的责任主体是咨询单位和项目单位。项目单位开展成果应用活动，咨询单位予以充分配合。

项目单位投资计划部门组织相关部门对项目进行分析、评议，剖析问题，总结被评价项目的经验和教训，提出针对完善和改进类似工程的实施建议和意见，给建设单位反馈后评价意见，同时应将后评价意见及时反馈到决策相关部门。项目决策单位和参建单位积极推广被评价项目的经验和教训，保证发现的问题能在后续工程建设中避免，成功的经验得到借鉴和应用。

第二节　后评价成果主要形式及应用形式

一、后评价成果形式

电网技术改造检修项目后评价的主要任务包括对项目概况、项目前期工作、项目实施管理、项目竣工验收和结/决算管理、项目运行效益等进行评价，总结经验教训，提出措施和建议。项目后评价的成果表现形式主要有后评价报告、专项评价报告、简报和通报及后评价年度报告。

1. 后评价报告

项目后评价报告是评价结果的汇总，是反馈经验教训的重要文件。后评价报告必须反映真实情况，报告的文字要准确、简练，尽可能不用过分生疏的专业词汇；报告内容的结论、建议要和问题分析相对应，并把评价结果与未来规划及政策的制订、修改相联系。

项目后评价报告基本内容主要包括项目概况、评价内容、主要变化和问题、原因分析、经验教训、结论和建议、基础数据和评价方法说明等。

2. 专项评价报告

根据项目实际情况，对于项目实施中问题多发环节或成果显著过程进行专项评价，目的是发现问题、总结经验。单项后评价可以针对某一项目的某一建设环节作为评价对象，也可以对建设单位在某一时间范围内竣工投产的相同或类似项目的同一建设环节进行专项后评价。专项后评价报告可以包括投资控制专项后评价报告、项目技术水平（进步）后评价报告、项目安全管理后评价报告、项目建设质量控制后评价报告、项目经济效益后评价报告、项目环境影响后评价报告。

3. 后评价年度报告

通过后评价年度报告，围绕和突出企业技术改造检修项目建设与管理的大局和主流，抓住趋势性和规律性的问题，在已有后评价成果的基础上进行系统总结和提炼，在宏观管理层面上发挥积极作用。

4. 简报和通报

为了更好地发挥项目后评价的作用，在企业范围内可以通过简报、通报或年度报告的形式进行推广。

（1）简报。简报是用于企业内部传递情况或沟通信息的简述报告。通过简报，可以将工作进展情况及工作中出现的新情况、新问题、新经验，及时反映给各级决策机关，使决策机关了解详情，为决策机关制定政策、指导工作提供参考。简报本身即是一种信息载体，可以使各级机关及从事行政工作的人互相了解情况，吸收经验、学习先进、改进工作。

后评价简报可以采用多种形式，如专题简报和工作简报。简报主要是反映工作情况和问题，及时对后评价中的重要问题在企业范围内通过企业内部会议形式或者内部网络平台进行发布。

编写简报要针对重点和亮点，简明扼要地据实反映问题。简报还应注重实效，它是企业领导对一些问题做出决策的参考依据之一，也是企业推动工作的一个重要手段。

（2）通报。通报是上级把有关事项告知下级的公文，通报从性质来分包括表扬通报、批评通报和情况通报。通报兼有告知和教育属性，有较强的目的性。奖励和批评通报中一般会有嘉奖和惩处决定。情况通报中除情况说明外，还会提出希望和要求。后评价工作情况可以通过通报形式传达给相关部门，目的是交流经验，吸取教训，推动工作的进一步开展。

二、后评价成果应用形式

项目后评价通过对项目实施全过程的回顾，总结经验教训，改进项目管理水平和提高投资效益，最终目的是提高投资管理科学化水平，打造企业核心竞争力。后评价工作完成后，为更好地发挥其应有的作用，通过召开成果反馈讨论会、内部培训和研讨，以及建立后评价动态数据共享平台库等形式进一步推广项目管理经验。

1. 成果反馈讨论会

通过项目后评价报告和后评价意见，有针对性地总结经验、发现问题和提出建议，从而改进项目管理、完善规章制度，通过后评价成果反馈讨论会，可以在更高的层次上总结经验教训，集中反映问题和提出建议，为完善项目决策提供重要参考依据；通过多层次、多形式的研究成果与信息反馈，将项目后评价成果与项目决策、规划设计、建设实施、运行管理等环节有效地联系起来，实现投资项目闭环管理，提高后评价工作的实效性。

后评价的评价范围涉及项目实施全过程和项目所有参建单位，成果反馈讨论会有两种形式；一种是要求项目参建单位全部参加，针对存在的问题集中讨论，有利于深度剖析问题的原因，有利于发承包双方的责任厘清和工作水平的提高。另一种是建设单位内部相关部门参加的讨论会，参会人员一般包括项目一线主要专业负责人、项目建设管理各相关部门负责人及主管领导，以及项目建设相关部门人员，必要时邀请企业内部专家或外聘行业专家到会。

成果反馈讨论会的重点针对后评价报告中提出的经验和问题，进一步分析原因，在企业和行业范围内推广先进经验，提高管理水平。

成果反馈讨论会可以针对某一项目，也可以根据实际情况对项目组或项目群进行集中讨论，项目后评价讨论会由项目单位组织召开。项目单位在会前应做好会议计划和议题准备。

2. 内部培训和研讨

企业内部培训是根据其自身的特点和发展状况而"量身定制"的专门培训，旨在使受训人员的知识、技能、工作方法、工作态度及工作价值观得到改善和提高，从而发挥出最大的潜力，提高个人和组织的业绩，推动组织和个人的不断进步，实现组织和个人的双重发展。后评价是项目建设的重要环节，项目后评价的功能和作用主要围绕总结项目经验教训，以供后续同类项目借鉴，提升项目决策管理水平为主，宏观的投资决策、发展战略、政策措施建议为辅。可以内部培训和研讨，更好地理解后评价理论方法和实务方法，促进项目投资决策和管理水平的不断提升。

后评价内部培训应以企业内部中高层管理人员为主要培训对象，课程内容、教学方式均可以采用多种灵活形式。授课教师可以选择企业内部或行业咨询专家，教学方式可以采用讲授和讨论相结合的形式，授课内容在讲授后评价理论方法的同时重点研讨项目后评价实务。

3. 信息网络平台建设

随着互联网技术的不断进步，企业信息化建设的推进，企业内网（Intranet）技术迅速发展，从第一代的信息共享与通信应用，发展到第二代的数据库与工作流应用，进而进入以业务流程为中心的第三代Intranet应用，形成一个能有效地解决信息系统内部信息的采集、共享、发布和交流，易于维护管理的信息运作平台。Intranet带来了企业信息化新的发展契机，打破了信息共享的障碍，实现了大范围的协作。

通过企业内部网络有条件共享后评价相关数据，合理应用项目后评价成果，有助于总结经验教训，改进工作。但由于项目后评价成果涉及电网关键技术和企业经营秘密，在网络共享平台中发布宜采用多种方式，针对不同受众分级发布，建立项目后评价成果的密级评定与分级发布机制。

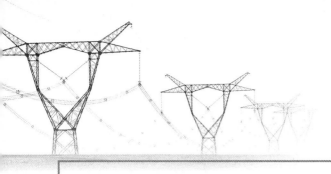

第四章

电网技术改造工程后评价内容

电网技术改造工程后评价的目的在于运用科学、系统的评价方法与指标，全面总结项目的实施过程，分析项目的运营绩效，实现项目的全流程闭环管理，评价突出问题导向，聚焦效率效益，发现投资项目潜在风险，提出相应对策建议，辅助实现精准投资、精益管理。本章主要介绍以项目方式管理的电网生产技术改造项目后评价编制的评价内容，适用于本书第一章第二节中所述四类项目后评价；其他类型技术改造工程可参照编制。

第一节　项目概况

一、评价目的

项目概况是对项目的基本情况做简要的介绍和分析，以便于读者能够迅速地了解项目的整体情况。其主要内容包括项目情况简述、项目决策要点、项目主要建设内容、项目实施进度、项目总投资和项目运行及效益现状等。

二、评价内容与要点

1. 项目情况简述

项目情况简述包含项目建设地点、主要改造内容、参建单位和其他特殊说明等，可配合项目改造前后对比图片。

2. 项目决策要点

项目决策要点包含项目改造前运行情况、改造原因、改造必要性分析及改造后实现的预期目标等。

3.项目主要建设内容

项目主要建设内容包含项目可行性研究批复及实际建设的主要改造内容，项目拆除、改造或新增的设备数量、类型等。

4.项目实施进度

项目实施进度包含各关键节点实际实施时间，如项目启动前期工作时间、完成可行性研究时间及项目可行性研究获得批复、核准（或备案）时间，初步设计批复时间，开工时间，整体竣工投产时间，工程决算时间等，见表4-1。

表4-1　项目实施进度明细表

阶段	主要事件	实施单位	时间
前期决策			
实施准备			
实施过程			
竣工投产			
决算			

5. 项目总投资

项目总投资包含项目可行性研究估算、投资计划、初步设计概算、竣工决算等投资情况及资金到位情况。

6. 项目运行及效益现状

项目运行及效益现状主要描述项目投运后至后评价时的运行状况，根据不同改造目的分别阐述在适应电网发展、提升输电能力、设备等效利用率和节能环保水平等方面的效果及相关指标，如技术改造后生产能力变化、设备可用率、装置动作正确率、电压合格率、线损率等指标提升情况。

<h2 align="center">第二节　项目前期工作评价</h2>

1.评价目的

项目前期工作评价是根据有关规定，评价项目可行性研究报告质量、项目评审的合理性、项目立项的合规性及项目决策的科学性等。

2. 评价内容与要点

项目前期工作评价主要是对项目前期储备到核准阶段的工作总结与评价，主要内容包括项目前期组织评价、项目规划评价、项目可行性研究评价等。

（1）项目前期组织评价。项目前期组织评价主要通过结合生产技术改造项目年度储备重点、改造原则等文件，评价项目决策的必要性、立项依据的充分性和组织流程的规范性。

（2）项目规划评价。针对第三、四类项目，需通过计算规划项目响应程度，评价项目规划的合理性。

1）统计实际实施项目中来源于规划的比例，计算规划项目响应度，分析评价规划的执行情况，见表4–2。

规划项目响应度＝[（实际实施项目中来源于规划的项目数量/实际实施的项目数量）×0.5+（实际实施项目中来源于规划的项目投资金额/实际实施的项目投资金额）×0.5]×100%

表4–2 规划项目响应度指标统计表

年度	实际实施项目中来源于规划的项目数量（个）	实际实施的项目数量（个）	实际实施项目中来源于规划的项目投资金额（万元）	实际实施的项目投资金额（万元）	规划项目响应度（%）
...					
合计					

2）若规划项目响应度指标偏低，应详细分析说明其具体原因。

（3）项目可行性研究评价。

1）项目可行性研究报告深度评价。项目可行性研究报告深度评价主要通过评价可行性研究报告的内容是否完整，编制格式和深度是否符合相关管理规定的要求。第二、三、四类项目可通过抽查若干重点项目进行分析、评价。

a.简要叙述可行性研究工作过程和情况。

b.简要叙述可行性研究报告包括的主要内容，分析其是否符合相关管理规定的要求，见表4–3。

表4-3 项目可行性研究报告内容深度对比表

序号	报告组成	内容要求	项目可行性研究报告主要内容
1	工程概述		
2	项目必要性		
3	项目技术方案		
4	项目拟拆除设备处置意见		
5	工程实施安排		

c. 对比项目可行性研究技术方案、施工过渡措施、主要设备材料选型与工程实际建设的差异,分析差异产生的原因,见表4-4。

表4-4 项目可行性研究一致率指标统计表

项目	可行性研究批复	实际建设	差异情况
改造规模			
设备选型			
施工过渡措施			
投资			
…			

d. 分析主要设备材料选型是否满足招标采购的要求,针对采用非标准设备材料的,评价其合理性。

e. 对存在多次批复的项目,分析差异及原因,评价可行性研究报告的质量。

2)项目可行性研究报告审批评价。项目可行性研究报告审批评价主要通过分析可行性研究报告的编制、评审、批复等组织情况,评价编制单位资质、审批流程及质量是否符合相关管理办法的要求。

a. 编制单位资质评价。评价可行性研究报告编制单位的资质是否符合要求。

(a)查阅项目可行性研究报告编制单位的资质,评价其是否符合相关要求。

(b)查阅建设单位委托书内容是否完整,对可行性研究报告编制工作范围的界定是否明确。

b. 可行性研究报告审批评价。说明可行性研究报告的审批时间及过程;简述可行性研究报告主要评审意见;对项目建设的必要性、技术方案和技术经济等部分是否提出了相应的意见和建议,并评价其合理性。

(a)核实说明可行性研究报告审批时间及过程是否符合相关管理规定的要求。

(b)简述可行性研究报告评审意见主要结论,调查可行性研究报告评审意见提出的问题和建议的落实情况。

（c）对可行性研究报告评审意见进行综合分析，评价其科学性、客观性及公正性。

3. 评价依据

项目前期工作评价依据见表4-5。

表4-5　项目前期工作评价依据

序号	评价内容	评价依据	
		国家、行业、企业相关规定	项目基础资料
1	项目前期组织评价	生产技术改造工作管理规定 生产技术改造原则	项目储备清单
2	项目规划评价	生产技术改造项目规划管理规定	（1）规划报告； （2）完成项目数据
3	项目可行性研究评价	生产技术改造项目可行性研究内容深度规定 生产技术改造项目可行性研究编制与评审管理规定	（1）可行性研究编制单位资质证书； （2）可行性研究报告文本； （3）可行性研究编制委托书； （4）可行性研究报告评审意见； （5）可行性研究报告批复

注　相关评价依据应根据国家、行业、企业的相关规定，动态更新。

第三节　项目实施管理评价

一、项目实施准备工作评价

1. 评价目的

项目实施准备工作评价的目的主要是按照开工前充分做好准备工作的要求，对项目是否适应建设和施工需要，以及实施准备工作的合理性和合规性进行评价。

2. 评价内容与要点

项目实施准备工作评价是评价初步设计到正式开工的各项工作是否符合国家、行业及企业的有关标准、规定。评价内容主要包括初步设计评价、施工图设计评价、招标采购评价、施工组织设计评价等。

（1）初步设计评价。初步设计评价是评价初步设计的内容是否完整，以及编制格式和深度是否符合相关管理规定的要求。其主要包括初步设计单位资质评价、初步设计审批情况评价、初步设计质量评价等。

1）初步设计单位资质评价。核实初步设计单位资质等级和设计范围，评价初步设计单位是否具备承担项目的资质和条件。

2）初步设计审批情况评价。简要叙述初步设计评审与批复情况，评价其是否符合国家、行业、电网企业的相关管理规定。

3）初步设计质量评价。初步设计质量评价主要包括初步设计进度评价和初步设计质量评价。

a. 初步设计进度评价。评价初步设计是否按计划进度完成；若有推迟设计进度的，应说明其原因。

b. 初步设计依据评价。检查项目是否依据国家相关的政策、法规和规章，工程设计有关的规程、规范，可行性研究报告及评审文件，设计合同或设计委托文件等开展初步设计工作。

c. 初步设计内容深度评价。简要叙述初步设计文件包括的主要内容，评价其是否符合行业、电网企业规定内容深度的要求。

d. 对比初步设计的技术方案、施工过渡方案、主要设备材料选型与可行性研究报告、实际施工中的差异，分析差异产生的原因，见表4-6。

表4-6 项目初步设计一致率指标统计表

项目	可行性研究批复	初设批复	实际建设	差异情况
投资				
改造规模				
设备选型				
……				

e. 对存在多次批复的项目，分析差异及原因，评价初步设计的质量。

（2）施工图设计评价。施工图设计评价主要通过评价施工图设计文件内容是否规范齐全，引用标准是否正确、表达方式是否一致，设计方案表达是否简明，是否满足项目管理的要求。其主要包括施工图设计质量评价、施工图交付进度评价和施工图会审及交底情况评价。

1）施工图设计质量评价。

a. 施工图设计依据评价。检查项目是否依据国家相关的政策、法规和规章，电力行业设计技术标准和电网企业标准的规定，批准的初步设计文件、初步设计评审意见、设备订货资料等开展施工图设计工作。

b. 施工图设计内容深度评价。简要叙述施工图设计文件包括的主要内容，分析其是否符合行业、电网企业规定内容深度的要求。

c. 分别对比施工图设计的技术方案、施工过渡方案、主要设备材料选型与初设批复、实际施工的差异，分析差异产生的原因，评价施工图设计的合理性，见表4-7。

表4-7　项目施工图设计一致率指标统计表

项目	初设批复	施工图方案	实际建设	差异情况
投资				
改造规模				
设备选型				
……				

2）施工图交付进度评价。评价施工图设计是否按计划进度完成；若有推迟设计进度的，应说明其原因。

3）施工图会审及交底情况评价。简要叙述施工图设计会审及设计交底开展情况，评价其是否符合国家、行业、电网企业的相关管理规定。

（3）招标采购评价。招标采购评价包括采购实施评价和采购结果评价两部分。

1）采购实施评价。采购实施评价通过分析物资类和非物资类的采购关键进度节点是否满足里程碑计划要求，采购批次、采购方式等过程是否满足项目实施管理要求，针对未采用公开方式招标的采购需求，评价其合理性。

2）采购结果评价。采购结果评价主要包括：

a.对物资类招标，分析采购的主要设备材料的型号、数量，以及相关技术服务是否满足项目实施的要求；

b.对非物资类招标，分析采购的服务内容是否满足项目实施的要求；

c.对出现流标情况的，分析原因和对后续实施产生的影响；

d.分析采购后合同签订时间是否在规定期限内，评价其合规性。

（4）施工组织设计评价。施工组织设计评价通过分析施工组织设计内容的完整性，评价组织措施、安全措施、技术措施和施工方案等编制内容是否合理、深度是否满足要求、审批流程是否合规。重点分析方案中停电计划安排是否满足施工要求，分阶段停电技术方案是否与施工关键时间节点相符。

3. 评价依据

项目实施准备工作评价依据见表4-8。

表4-8 项目实施准备工作评价依据

序号	评价内容	评价依据	
		国家、行业、企业相关规定	项目基础资料
1	初步设计评价	（1）《变电工程初步设计内容深度规定》（DL/T 5452—2012）； （2）《架空输电线路工程初步设计内容深度规定》（DL/T 5451—2012）； （3）《城市电力电缆线路初步设计内容深度规程》（DL/T 5405—2008）； （4）《输变电工程初步设计概算编制导则》（DL/T 5467—2013）； （5）生产技术改造工程初步设计编制与评审管理规定	（1）初步设计委托书或者设计合同； （2）可行性研究报告及批复； （3）初步设计单位资质证明； （4）初步设计文件； （5）初步设计评审会议纪要； （6）初步设计批复文件； （7）批复初步设计概算书； （8）设计总结
2	施工图设计评价	（1）《变电工程施工图设计内容深度规定》（DL/T 5458—2012）； （2）《110kV～750kV架空输电线路施工图设计内容深度规定》（DL/T 5463—2012）； （3）《城市电力电缆线路施工图设计文件内容深度规定》（DL/T 5514—2016）； （4）《输变电工程施工图预算编制导则》（DL/T 5468—2013）； （5）生产技术改造工程施工图设计内容深度规定	（1）施工图设计委托书或者设计合同； （2）施工图设计文件； （3）施工图设计会审及设计交底会议纪要； （4）施工图交付记录； （5）施工图预算书； （6）设计总结
3	招标采购评价	（1）《中华人民共和国招标投标法》及相关法律、法规； （2）招标活动管理办法； （3）招标采购管理细则	设计、施工、监理及物资采购中标通知书
4	施工组织设计评价	—	施工组织设计方案

注 相关评价依据应根据国家、行业、企业的相关规定，动态更新。

二、项目实施过程评价

1. 评价目的

项目实施过程评价是对项目从开工建设到竣工投运过程中各项工作的评价。项目建设实施阶段是项目财力、物力集中投入和消耗的阶段，对项目是否能发挥投资效益具有重要意义。项目实施过程评价的主要目的是通过对建设组织、"四控制"等管理工作进行回顾，考察管理措施是否合理有效，预期的控制目标是否达到。

2. 评价内容与要点

项目实施过程评价主要通过对比项目实际建设情况与计划情况的一致性，以及建设各环节与规定标准的适配性，重点对进度、投资、质量、安全、变更等几个重要评价点进行评价。项目实施过程评价主要内容包括合同执行与管理评价、进度管控评价、变更和签证评价、投资控制评价、质量管理评价、安全控制评价和物资拆旧及利旧评价等。

（1）合同执行与管理评价。项目合同管理是为加强合同管理，避免失误，提高经济效益，根据《中华人民共和国合同法》及其他有关法规的规定，结合项目单位的实际情况，制订的一种有效进行合同管理的制度。项目合同执行与管理评价主要包括项目合同签订情况评价和合同执行情况评价。

项目合同评价主要包括对物资类合同和非物资类合同的评价。对物资类合同，分析主要设备、材料的到货时间、数量、质量、资金支付时序等方面是否与合同规定相一致，对存在差异的，分析差异产生的原因。对非物资类合同，分析非物资类供应商的服务质量、合同履行进度及资金支付时序等方面是否与合同规定相一致，对存在差异的，分析差异产生的原因。

1）合同签订情况评价。评价项目合同签订情况，可以按照表4-9所列内容进行统计评价。

a. 查阅中标通知书下达时间、开工时间及合同签订时间。评价合同签订流程是否符合要求、满足规范性。

表4-9 合同签订及时性统计表

序号	类别	合同名称	中标通知书发出时间	项目开工时间	合同签订时间
1	勘察设计				
2	设备采购				
3	监理				
4	施工				
5	其他				

b.查阅合同文本是否采用规定的合同范本，统计合同范本应用率情况，见表4-10。

表4-10　合同范本应用率

序号	合同类别	合同总数	应用合同范本的合同数量	合同范本应用率
1	勘察设计			
2	设备采购			
3	监理			
4	施工			
5	其他			
6	合计			

2）合同执行情况评价。评价项目合同执行情况，可按照以下步骤进行：

a. 评价合同整体执行情况及双方各自履行义务的情况，有无发生违约现象。对比勘察设计合同、监理合同及施工合同中主要条款的执行情况并对执行差异部分进行原因责任的分析，见表4-11。

表4-11　合同履行情况评价分析框架表

序号	合同名称	合同主要条款	实际执行情况	执行的主要差别	原因与责任
1	勘察设计				
2	设备采购				
3	监理				
4	施工				
5	其他				

b. 评价合同进度条款执行情况。查阅勘察设计、设备采购、监理、施工及其他合同中进度条款的执行情况，并分析原因、界定责任，见表4-12。

表4-12　合同进度条款履行情况评价分析框架表

序号	合同名称	合同进度条款	实际进度执行情况	进度条款偏差	原因与责任
1	勘察设计				
2	设备采购				
3	监理				
4	施工				
5	其他				

c.评价合同资金支付条款执行情况。查阅合同支付台账，评价合同支付金额是否符合规定的比例，合同支付时间是否及时，见表4-13。

表4-13 合同条款支付情况评价分析框架表

序号	合同名称	合同金额	签订日期	应付款时间	实付款时间	应付款金额	实付款金额	实付款占应付款比例	累计支付比例
1	勘察设计								
2	设备采购								
3	监理								
4	施工								
5	其他								

（2）进度管控评价。工程建设与进度评价主要通过梳理工程整体实施进度情况，对比实际建设工期与计划工期之间的差异，评价工程的进度控制水平。

由于生产技术改造工程的建设进度受多方面因素的影响，例如，停电计划、外部建设条件变化等的影响，其中输电线路改造工程中不确定因素比变电改造工程更加复杂和多变。工程进度控制评价需通过计划工期和实际工期的偏差，深入分析影响工程进度的主要因素，第二、三、四类项目还需分析项目按期完成率情况。

1）工程整体实施进度评价。评价工程从前期策划到竣工投产的全过程进度控制情况。

a. 查阅项目可行性研究审批及批复、初步设计评审及批复、施工图、招投标及中标通知书，分析各类前期文件取得时间是否符合项目前期工作管理办法相关规定的要求。

b. 查阅项目合同及开工报告，对比合同规定的开工时间和实际开工时间是否相符。

c. 查阅工程施工计划及竣工报告，对比计划竣工投产时间与实际竣工投产时间是否相符。

d. 根据梳理内容填写工程整体实施进度表，见表4-14。

表4-14 工程整体实施进度表

阶段	事件名称	时间	依据文件
前期决策	可行性研究评审		评审意见
	可行性研究批复		批复文件
开工准备	设计招标		招标文件
	初步设计评审		评审意见
	初步设计批复		批复文件
	物资招标		招标文件
	施工招标		招标文件
	监理招标		招标文件

阶段	事件名称	时间	依据文件
建设实施	工程开工		工程开工报告
竣工验收	工程验收		监理报告、竣工验收报告
结算阶段	工程结算审定		工程结算审核报告
决算阶段	工程财务决算报告审核		工程竣工决算报告

e. 对比工程进度计划，计算工程进度计划完成率，评价进度计划的主要延误节点。

2）施工阶段进度控制评价。详细梳理施工阶段各子工程进度控制情况，对比工程实际工期与计划工期的偏差程度，分析评价工程施工进度控制是否符合相关规定的要求，可以按照表4-15和表4-16所列内容进行统计评价。

a. 查阅工程开工报告、竣工报告，对工程施工进度进行梳理；第一类项目计算项目工期偏离率，第二、三、四类项目计算项目按期完成率，即

$$工期偏离率 = （实际工期 - 计划工期）/计划工期 \times 100\%$$

$$项目按期完成率 = （按期完成工程数量/实际完成工程数量 \times 0.5 +$$
$$按期完成工程的投资/实际完成工程的总投资 \times 0.5）\times 100\%$$

表4-15　工程建设进度一览表

序号	工程名称	计划开工时间	计划竣工时间	调整竣工时间	实际开工时间	实际竣工时间	完工偏差
1	总工程名称						
2	分部分项工程名称						
3	……						

注　本表适用于第一类项目。

表4-16　工程建设进度统计表

序号	年度/项目类型	按期完成工程数量（个）	按期完成工程投资（万元）	实际完成工程数量（个）	实际完成工程投资（万元）	项目按期完成率（%）
1						
2						
3	……					

注　本表适用于第二、三、四类项目。

b. 对于工期偏差较大的工程项目，详细分析工程工期偏差原因：

（a）对分部分项工程建设进度进行梳理，分析进度管控措施落实是否到位，施工参与各单位相互配合是否协调，施工单位是否按横道图、网络图等施工计划开展工作。

（b）分析停电批准时间是否及时。

c.分析变更对施工进度的影响。

d.重点分析物资到货时间是否满足计划时间，见表4-17。

表4-17　分部分项工程建设进度一览表

序号	计划节点	进度计划完成时间	建设实施完成时间	偏差时间（月）
1				
2				
...				

3）施工进度控制措施评价。梳理施工单位进度控制措施，评价进度控制措施实施效果。

a.查阅施工单位施工组织设计文件，梳理相关进度控制措施。

b.评价施工单位编制的组织措施、技术措施、管理措施是否得到有效执行，以及进度控制措施的实施效果。

（3）变更和签证评价。变更和签证评价主要评价设计变更、现场签证的频发度和手续的完备性。

1）变更和签证整体评价。评价变更和签证的主要原因及手续是否完备，可以按照表4-18所列内容进行统计评价。

a.查阅设计变更、现场签证单，梳理内容，评价手续是否完备，程序是否规范。

表4-18　变更签证统计表

序号	编号	变更签证主要内容	变更签证原因	变更签证金额	签章			
					施工单位	监理单位	设计单位	项目单位
1								
2								
...								

b.统计变更签证原因及影响，可配合统计表绘制变更签证原因分布饼图，见表4-19。

表4-19 设计变更原因统计表

变更签证原因	变更签证次数	变更签证次数所占比例	变更签证金额（万元）	变更签证金额所占比例	平均变更签证金额（万元）
设计原因					
现场运行原因					
现场签证					
…					

2）重大设计变更评价。评价重大设计变更原因，分析重大设计变更对施工费用的影响，见表4-20。

表4-20 重大设计变更分析表

序号	编号	变更原因	变更金额	变更日期	变更程序是否完备
1					
2					
…					

（4）投资控制评价。项目投资控制评价主要是工程投资偏差分析，在项目竣工后，对概算执行情况的分析。通过竣工决算与初步设计概算的对比，运用成本分析方法，分析各项资金运用情况，核实实际造价是否与概算接近，分析偏差原因，为改进以后工作提供依据。投资控制评价内容主要包括项目整体投资情况评价、工程四项基本费用及拆除工程费用情况评价及超支/节余原因分析三个部分。

第一，评价工程整体的竣工决算投资较初步设计概算投资的偏差情况。

第二，对比决算投资与批复概算投资中的细分项目，寻找偏差较大的项目，为分析原因做基础。一般技术改造项目投资可分为建筑工程费、安装工程费、设备购置费、拆除工程费及其他费几个部分。

第三，超支/节余原因分析是针对超支的费用项及节余较大（一般超过10%）的费用项进行深度挖掘原因。导致投资偏差的几个主要影响因素包括：项目实际规模较初设批复规模存在较大变化；实际施工工程量较工程量清单存在较大变化；设备采购时，通过招标活改变设备型号导致设备价格变化；建设期人工单价、人力投入、物价等存在较大变化。

对于工程投资控制评价可以按照以下几个步骤进行：

1）查阅项目可行性研究报告中投资估算报表、初步设计批复中概算报表、项目最终决算审核报表，对比"三算"之间的偏差，见表4-21。

表4-21　投资控制指标总体情况一览表

序号	项目名称	投资估算		批准概算			竣工决算		
		静态投资	动态投资	静态投资	动态投资	概算较估算节余率	静态投资	动态投资	决算较概算节余率
1									
2									

2）对比决算投资额与初步设计批复概算投资额的偏差，该偏差即项目总投资的超支/节余率，绘制工程偏差对比柱形图。

3）对决算较概算超支/节余率较大的费用项进行原因分析。

a. 建筑工程费重点分析设计方案、施工方案、工程量等因素的变化。

b. 安装工程费重点分析设计方案、安装设备材料的类型、数量等因素变化。

c. 拆除工程费重点分析拆除设备材料的数量、拆除方式、运输、入库等因素的变化。

d. 设备购置费重点分析设备材料的招标批次、中标价格等因素的变化。

e. 其他费用重点分析占地补偿、青苗赔偿、"三跨"补偿等政策处理费用，参照当地政府赔偿标准、同类项目赔偿费用等依据，评价赔偿费用是否合理。

对于第三、四类项目，还需计算项目计划变更率及年度投资计划完成率，评价项目投资计划控制情况。

1）统计项目计划中项目变更数量及变更项目总金额的绝对值，其中项目变更包括增加和取消项目。根据统计结果计算项目变更率，即

计划项目变更率=[（∑变更项目数量/投资计划中项目总数）×0.5+（∑变更项目总金额绝对值/投资计划金额）×0.5]×100%

2）对比年度生产技术改造实际完成投资与计划投资，计算年度投资计划完成率，即

投资计划完成率=年度生产技术改造实际完成投资/年度生产技术改造计划投资×100%

（5）质量管理评价。质量管理评价根据竣工验收结果和运行情况，全面评价工程及设备质量水平，同时依据法律、法规、规程和规范评价工程质量保障体系的完备性。

1）质量控制效果评价。评价工程质量控制措施实施效果，是否实现质量控制目标，可以按照表4-22所列内容进行统计评价。

a. 查阅建设单位、设计单位、监理单位和施工单位施工组织设计文件或工作方案，

梳理质量控制目标。

b.查阅监理报告、中间验收报告、隐蔽工程验收报告、设备试验报告等资料是否完整；评价项目监理旁站、设备调试和阶段验收等关键工序的质量管理措施是否落实到位。

c.查阅工程验收报告，对工程总体合格率和分部分项工程合格率进行梳理。

d.评价工程质量控制目标实现情况，分析出现偏差的原因。

表4-22　质量控制效果

序号	建设/施工/监理单位	质量目标	质量目标实现情况	偏差分析
1				
2				
...				

2）质量保障措施评价。评价工程质量保障措施是否符合相关要求，可按照以下步骤进行：

a.查阅工程建设单位、设计单位、监理单位和施工单位编制的施工组织设计报告或工作方案，梳理工程质量控制组织措施。

b.评价工程质量保障体系是否完备，是否符合法律、法规、规程和规范的相关规定。

3）设备监造评价。对纳入监造范围设备的项目，查阅监造报告和出厂验收报告等资料，评价设备监造质量、措施等是否落实到位。

4）监理执行评价。监理单位受项目法人委托，依据法律、行政法规及有关的技术标准、设计文件和建筑工程合同，对承包单位在施工质量、建设工期和建设资金等方面代表建设单位实施监督。

评价项目是否执行工程监理制及监理单位在电网工程项目实施过程中是否按照合同要求履行职责。在进行项目后评价时，重点评价以下四点：

a.查阅监理组织机构、责任制、管理程序、实施导则、质量控制等建立及落实情况。

b.评价监理准备工作与监理工作执行情况，重点评价监理发生问题可能对项目总体目标产生的影响。

c.评价监理工作效果，如"四控制"（安全、进度、质量、投资的控制）、"两管理"（即合同管理、信息管理）、"一协调"的执行情况，以及全过程监理工作情况。

d. 对监理工作水平做出总体评价，并对类似工程提出改进建议。

（6）安全控制评价。安全控制评价主要评价安全管理体系管控效果和安全管理体系建设、措施。评价工程安全管理体系管控效果，是否实现安全目标，项目安全措施落实是否到位。

1）安全管理体系管控效果。评价工程安全管理体系管控效果，是否实现安全目标。

a. 对安全目标实现情况进行梳理，见表4-23。

表4-23　安全控制效果

子工程	建设/施工/监理单位	安全目标	安全目标实际情况	偏差分析
1				
2				
...				

b. 统计工程建设阶段人身死亡事故情况、轻伤负伤率、重大机械设备损坏事故次数、重大火灾事故次数、负主要责任的重大交通事故次数、环境污染事故和重大跨（坍）塌事故次数、因工程建设而造成的大电网非正常停电事故次数或电网企业安全管理办法规定的其他事故次数。评价工程建设过程的安全控制水平。

2）安全管理体系建设和措施。分析项目单位、施工单位等主体在安全文明施工、停电准备等方面的措施情况，评价项目安全管理体系及措施是否完备，是否符合相关要求，重点评价以下两点；

a. 查阅工程建设单位、设计单位、监理单位和施工单位的施工组织设计报告或工作方案，梳理项目安全管理体系及措施。

b. 对比相关法律、法规、规程和规范，评价项目安全管理体系的健全性和完备性。

（7）物资拆旧及利旧评价。物资拆旧及利旧评价主要包括报废/退役/更换设备状态评价及退役设备再利用评价。

1）报废/退役/更换设备状态评价。评价报废、退役、更换设备的净值率、成新率等状态评估指标，分析设备报废、退役、更换的合理性及必要性。

a. 计算报废设备（平均）净值率，对于第二、三、四类项目，可分别计算各类主要设备净值率。对于报废净值率偏高的设备，应详细说明报废的原因。

$$报废设备的净值率＝设备报废时的账面净值/设备原值×100\%$$

b. 对于改造中需更换的设备，应计算更换设备（平均）成新率，对于第二、三、四类项目，可分别计算各类主要设备成新率。对于成新率偏高的设备，应详细说明原因。

更换设备（平均）成新率=更换的设备已使用年限/设备设计使用年限

c. 对于第三、四类项目，需统计分析110kV及以上变压器、断路器、继电保护设备、变电站自动化系统等主要设备的平均退役时间，评价设备退役的合理性。

2）退役设备再利用评价。根据项目可行性研究阶段对拆除设备的再利用方案，评价退役设备再利用工作。

a. 物资拆旧评价。对退出设备拆除过程中采取的保护措施进行评价，并结合拆除后设备技术鉴定情况对可行性研究阶段再利用评估工作进行评价。

（a）分析拆旧物资全过程资料，评价项目拆旧物资鉴定和移交手续是否齐全，处置流程是否规范；

（b）评价可再利用拆旧物资保护性措施是否落实到位；

（c）对比拆旧物资实际施工与可行性研究方案差异，分析差异产生的原因。

b. 物资利旧评价。根据退出设备再利用及运行情况，评价项目可行性研究阶段再利用方案的合理性和可操作性。

（a）分析采用利旧物资与新物资的投资差异，评价物资利旧方案的合理性；

（b）分析利旧物资施工前的保护、检测等工作，评价其执行到位情况；

（c）分析利旧物资投运后的运行情况，评价项目前期目标的实现程度。

3. 评价依据

项目实施过程评价依据见表4-24。

表4-24 项目实施过程评价依据

序号	评价内容	评价依据	
		国家、行业、企业相关规定	项目基础资料
1	合同执行与管理评价	（1）《中华人民共和国合同法》； （2）相关合同管理办法； （3）合同范本	（1）设计、施工、监理及物资采购合同； （2）合同补充协议（若有）； （3）中标通知书
2	进度管控评价	生产技术改造工程管理规定	（1）施工组织设计方案； （2）工程开工报告； （3）竣工验收报告
3	变更和签证评价	设计变更与现场签证管理办法	（1）设计变更单； （2）现场签证单
4	投资控制评价	（1）《国务院关于调整和完善固定资产投资项目试行资本金制度的通知》（国发〔2015〕51号）。 （2）生产技术改造工程管理规定	（1）批复可行性研究估算书； （2）批准概算书； （3）竣工财务决算报告及附表

续表

序号	评价内容	评价依据	
		国家、行业、企业相关规定	项目基础资料
5	质量管理评价	（1）《建设工程质量管理条例》（国务院令第279号）； （2）《电力建设工程质量监督规定（暂行）》（电建质监〔2005〕52号）； （3）《建设工程监理规范》（GB/T 50319—2013）； （4）工程质量管理办法； （5）工程建设监理管理办法	（1）施工组织方案； （2）监理报告； （3）中间验收报告； （4）隐蔽工程验收报告； （5）设备试验报告； （6）竣工验收报告
6	安全控制评价	（1）《电力建设工程施工安全监督管理办法》（国家发改委令第28号）； （2）电力建设安全健康环境评价标准； （3）生产技术改造工程施工安全设施相关规定	（1）施工组织方案； （2）竣工验收报告
7	物资拆旧及利旧评价	物资拆旧及利旧管理办法	拟拆除设备评估鉴定表

注 相关评价依据应根据国家、行业、企业的相关规定，动态更新。

第四节 项目竣工验收阶段评价

一、项目竣工验收评价

1. 评价目的

竣工验收是全面考核建设工作，检查是否符合设计要求和工程质量的重要环节，对促进项目（工程）及时投产，发挥投资效果，总结建设经验有着重要作用。

2. 评价内容与要点

（1）竣工验收组织评价。查阅竣工验收的验收申请、验收组织、现场验收、验收总结、资产清点、竣工移交、资料归档等相关资料，评价竣工验收组织的规范性。

（2）竣工验收结果评价。查阅项目竣工验收报告、设备移交清册、竣工图等资料，分析资料是否完整、内容是否规范，项目投产是否满足国家及行业有关法规、标准和规程等相关条件，验收问题整改闭环管理情况，评价竣工验收工作的质量。

3. 评价依据

项目竣工验收阶段评价依据见表4-25。

表4-25　项目竣工验收阶段评价依据

序号	评价内容	评价依据	
		国家、行业、企业的相关规定	项目基础资料
1	竣工验收评价	生产技术改造项目验收管理规定	竣工验收报告

注　相关评价依据应根据国家、行业、企业的相关规定，动态更新。

二、项目结、决算管理评价

1. 评价目的

通过对项目结算计费依据，工程决算和转资及时性、正确性等情况进行评价，判断项目资金闭环管理水平。其主要评价内容包括结算审价管理评价和决算转资管理评价。

2. 评价内容与要点

（1）结算审价管理评价。按照相关规定，评价项目是否开展全口径结算，施工、物资、设计、监理等单位结算是否在规定的时间内完成。分析项目审价开展情况，评价审价报告是否准确、合理。

（2）决算转资管理评价。按照相关规定，评价项目竣工决算报告编制、审计意见出具和工程转资是否在规定的时间内完成。评价决算报告内容是否完整、规范。分析工程结余物资处置方式是否合理，处置流程、手续是否规范。

3. 评价依据

项目结、决算管理评价依据见表4-26。

表4-26　项目结、决算管理评价依据

序号	评价内容	评价依据	
		国家、行业、企业相关规定	项目基础资料
1	结算审价管理评价	（1）《建设工程价款结算暂行办法》（财建〔2004〕369号）的通知； （2）生产技术改造项目竣工结算审价管理办法	结算审价报告
2	决算转资管理评价	生产技术改造项目竣工决算管理规定	决算审核报告

注　相关评价依据应根据国家、行业、企业的相关规定，动态更新。

三、档案管理评价

1. 评价目的

项目档案是生产技术改造管理过程中形成的具有保存价值的各种形式的历史记录。一个项目从立项、设计、施工、监理到验收的过程中会形成大量的文件材料，对各类文件资料的收集归档工作意义重大。档案资料是证明工作开展及顺利完成的主要依据，也是项目后评价的主要材料。

2. 评价内容与要点

评价项目归档工作是否在规定的时间内完成，是否包括项目前期、实施、竣工、结决算等全过程档案资料，评价文档内容是否字迹清晰、图标简洁、签字盖章手续是否完备。查阅归档资料清单，评价以下内容是否已归档：

（1）项目可行性研究报告及批复、项目立项批文。

（2）项目初步设计（或施工图设计）及评审批文。

（3）项目开、竣工报告，项目施工方案和安全技术措施。

（4）项目中标通知书和合同文件。

（5）项目实施的施工、验收资料，设计变更、现场签证资料。

（6）项目拆旧清单及移交手续。

（7）施工单位的安装、调试报告。

（8）项目竣工结算书、费用审定表和竣工图纸。

（9）其他相关资料。

3. 评价依据

档案管理评价依据见表4-27。

表4-27　档案管理评价依据

序号	评价内容	评价依据	
		国家、行业、企业相关规定	项目基础资料
1	档案管理评价	（1）国家档案管理相关规定； （2）生产技术改造项目工作管理规定	归档资料清单

注　相关评价依据应根据国家、行业、企业的相关规定，动态更新。

第五节　项目运行效益评价

一、项目运营绩效评价

1. 评价目的

项目运营绩效评价是对项目竣工投入生产运行后的实际运营情况及效果进行评价。项目的运营情况关系着项目的目标能否最终实现，运营绩效评价的主要目的是，对比工程建设的必要性,评价工程的运行效果是否满足工程技术改造需求。

2. 评价内容与要点

项目运营绩效评价主要是对项目生产运营阶段工作情况的总结与评价。通过项目实际运营情况与可行性研究报告及相关规程、规范进行对比,重点对生产技术改造项目目标实现程度及符合规程、规范方面进行评价。

项目运营绩效评价主要评价项目的安全、效能和效益。评价指标应结合不同类型生产技术改造项目的特点,选取典型的、具有代表性的生产运行指标进行前后对比分析。

(1)安全评价。安全评价通过论述项目运行后在消除电网安全风险(设备缺陷及隐患消除情况、企业反事故措施要求落实情况)和提升设备可靠性等方面的效果,并结合相关安全指标(如技术改造后发生设备故障或人身伤亡指标)变化进行深入评价。

1)分析项目投运后,改造项目及主要设备的运行情况。

2)对比项目改造前后,在提高电网安全水平和设备健康水平,降低人身安全影响等方面的成效。

(2)效能评价。效能评价通过论述项目运行后在提升输电能力、设备等效利用率和节能环保水平、适应电网发展等方面的效果,并结合相关生产管理各项指标(如技术改造后生产能力变化,设备可用率、装置动作正确率、电压合格率、线损率等指标)变化情况进行评价。

(3)效益评价。效益评价按照资产全生命周期成本(LCC)计算方法,对项目技术方案的初始投入成本、运维成本、检修成本、故障成本、退役处置成本等进行全面计算归集,采用成本比较法或成本-效益比较法对项目实施的经济效益进行评价。

3. 评价依据

项目运营绩效评价依据见表4-28。

表4-28 项目运营绩效评价依据

序号	评价内容	评价依据	
		国家、行业、企业的相关规定	项目基础资料
1	安全评价	—	电网调度运行资料
2	效能评价	—	(1)电网调度运行资料; (2)项目实施前后的网损率指标值
3	效益评价	(1)《建设项目经济评价方法与参数(第三版)》; (2)《输变电工程经济评价导则》(DL/T 5438—2009)	(1)竣工决算报告及附表; (2)项目输入输出、上网下网电量详表

注 相关评价依据应根据国家、行业、企业的相关规定,动态更新。

二、项目社会效益评价

1. 评价目的

针对社会有影响的项目进行社会效益评价，社会效益评价的目的主要是评价生产技术改造工程对区域经济社会发展、产业技术进步、服务用户质量等方面有何影响及促进作用，总结分析项目对各利益相关方的效益影响。

2. 评价内容与要点

项目社会效益评价主要是通过收集各方资料，总结工程各阶段经验、成果及社会反馈，综合评价项目的社会效益。其评价内容主要包括社会责任承担评价和推动产业技术进步评价。

（1）社会责任承担评价。

1）对项目所承担的社会责任进行总结和评价。

2）根据项目类型分析其在社会责任承担方面的积极影响和作用，如在生产安全运行、节约公共资源等方面的积极影响。

（2）推动产业技术进步评价。

1）对推动产业技术进步进行总结和评价。

2）对试点应用电力行业先进技术、采用国产设备、开展创新性技术探索等项目，从提高电力行业技术水平、提升国产制造水平、推动其他行业技术进步等方面开展评价工作。

3. 评价依据

项目社会效益评价依据见表4-29。

表4-29　项目社会效益评价依据

序号	评价内容	评价依据	
		国家、行业、企业的相关规定	项目基础资料
1	社会责任承担评价	—	（1）项目各相关利益群体情况； （2）相关调查资料
2	推动产业技术进步评价	—	项目相关设计文件

注　相关评价依据应根据国家、行业、企业的相关规定，动态更新。

三、项目环境影响评价

1. 评价目的

针对环境有影响的项目进行环境影响评价。环境影响是指项目对周围地区在自然环境方面产生的作用和影响。环境影响评价是对项目从可行性研究到环境保护验收阶段的环境保护指标、环境保护措施及成果、对地区环境影响和生态保护等方面的评价。

项目环境影响评价主要是评价项目在前期决策、设计时是否充分考虑了项目对环境可能带来的影响，以及在施工阶段、运营阶段所采取的环境保护措施是否得力，是否能够真正有效地保护环境等。

2. 评价内容与要点

项目环境影响评价主要是通过对项目各阶段所采取的环境保护措施进行评价，对环境影响报告书/表批复的落实情况进行评价，综合评价项目环境治理与生态保护的总体水平；对项目环境敏感点的实际测量，对照相应标准，评价项目实际污染和破坏限值是否符合环境标准要求。

（1）环境保护措施落实评价。环境保护措施落实评价通过分析项目施工期间对噪声、废水、扬尘、弃渣、生态影响等环境影响因素所采取的保护措施，评价其是否符合国家、地方环境保护政策、法规、标准的要求。

（2）环境影响效果评价。环境影响效果评价是对开展环境影响评价的项目，分析项目运行期电磁、噪声等检测值，评价是否符合国家、地方环境保护政策、法规、标准的要求。

1）电磁干扰达标情况。分析工程项目对周围环境造成的电磁干扰（工频电场、工频磁场）、无线电干扰等环境保护指标的达标情况。

表4-30　工程各敏感点环境达标情况

指标	指标限值	实际测量值
工频电场（kV/m）		
工频磁场（mT）		
无线电干扰（dB）		

2）声环境影响达标情况。分析项目的声环境影响达标情况。声环境影响的评价标准是：变电站厂界执行《工业企业厂界环境噪声排放标准》（GB 12348—2008）中Ⅱ类标准，变电站周围评价范围内居民区等环境保护目标处执行《声环境质量标准》（GB

3096—2008）中1类功能区标准。输电线路经过农村的地区执行GB 3096—2008中1类功能区标准，经过居住、商业、工业等混杂区执行2类功能区标准，在交通干道侧执行4a类功能区标准，见表4-31。

表4-31　工程声环境影响达标情况

指标		指标限值	实际测量值
周围区域声环境质量[dB（A）]	昼间		
	夜间		

3. 评价依据

项目环境影响评价依据见表4-32。

表4-32　项目环境影响评价依据

序号	评价内容	评价依据	
		国家、行业、企业相关规定	项目基础资料
1	环境措施落实评价	（1）《建设项目环境保护管理条例》（国务院令第253号）； （2）《高压交流架空线路无线电干扰限值》（GB 15707—1995）； （3）《建筑施工场界环境噪声排放标准》（GB 12523—2011）	（1）设计文件； （2）施工组织方案； （3）环境影响报告书/表
2	环境影响效果评价	（1）《工业企业厂界环境噪声排放标准》（GB 12348—2008）； （2）《声环境质量标准》（GB 3096—2008）	（1）环境影响调查报告及审查意见； （2）相关调查监测材料

注　相关评价依据应根据国家、行业、企业的相关规定，动态更新。

第六节　项目后评价结论

一、评价目的

项目后评价结论是在以上各章完成的基础上进行的，是对前面几部分评价内容的归纳和总结，是从项目整体的角度，分析、评价项目目标的实现程度、成功度。对项目进行综合分析后，找出重点，深入研究，给出后评价结论，总结问题和经验教训，提出建议和措施。

二、评价内容与要点

1. 项目成功度评价

根据项目目标实现程度的定性的评价结论，采取分项打分的办法，评价项目总体的成功程度。

依据宏观成功度评价表（见表4-33），对被评价的工程项目决策、建设、效益和运行情况进行分析研究，对该工程各项评价指标的相关重要性和等级进行评判。针对被评价项目侧重的工程重点，各评定指标的重要程度应相应调整。

表4-33显示了工程项目的宏观成功度评价的内容。

表4-33　宏观成功度评价表

序号	评定项目目标	项目相关重要性	评定等级	备注
1	宏观目标和产业政策			
2	决策及其程序			
3	布局与规模			
4	项目目标及市场			
5	设计与技术装备水平			
6	资源和建设条件			
7	资金来源和融资			
8	项目进度及其控制			
9	项目质量及其控制			
10	项目投资及其控制			
11	项目经营			
12	机构和管理			
13	项目财务效益			
14	项目经济效益和影响			
15	社会和环境影响			
16	项目总评			

注　1. 项目相关重要性分为重要、次重要、不重要。

　　2. 评定等级分为A—成功、B—基本成功、C—部分成功、D—不成功、E—失败。

项目的成功度从项目决策、建设过程、经济效益、项目社会和环境影响等几个方面对工程的建设及投产运行情况进行分析总结。根据项目成功度的评价等级标准，由专家组对各项评价指标打分，结合各指标重要性，得到项目的宏观成功度结果。

鉴于电网技术改造工程的多样性、复杂性和特殊性，可在宏观成功度评价的基础上，构建定量评价指标体系，通过专家打分法、层次分析法等科学方法实现对项目成功度的微观评价，进而得到项目综合成功度结果。由于电网技术改造工程建设内容千差万别，此处不再具体罗列综合成功度评价内容，仅在附录3中列出部分定性指标供参考。

2. 项目后评价

（1）过程总结与评价。根据对项目决策、实施、运营阶段的回顾分析，归纳总结评价结论。

（2）效果、目标总结与评价。根据对项目安全、效能、效益的回顾分析，归纳总结评价结论。

（3）综合评价。综合评价结论应汇总以上各节评价内容，总结出项目的定性结论。得出的结论和提出的问题要用实际数据来表述，并归纳要点，突出重点。

3. 项目经验与不足

总结项目本身的管理经验和亮点，分析管理不足之处；与同类项目进行横向对比，分析差异性。总结可为同类项目借鉴的经验教训。

4. 项目措施和建议

针对项目存在的不足之处，提出改进措施；针对企业项目管理不足之处，提出改进建议。

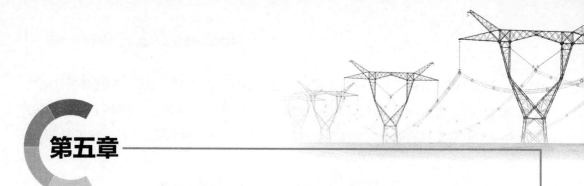

第五章

电网检修工程后评价内容

随着电网的发展和管理规模的不断扩大，电网整体结构越来越复杂，新设备的大量投入和复杂多变的运行方式进一步加大对电网运行进行有效控制的难度。电网检修计划作为电力系统运行计划中一项十分重要的部分，是保证电力设备健康运行的必要手段。电网检修计划将影响设备的利用率、事故率、使用寿命、人力物力财力的消耗，以及电力企业的整体效益等诸多方面，制定可靠而又高效的检修计划具有十分重要的意义。本章主要介绍以项目方式管理的电网检修项目后评价编制的评价内容；其他类型检修工程可参照编制。

第一节　项目概况

一、评价目的

项目概况介绍，主要是对电网检修工程的基本情况做简要的说明及分析，以便于后评价报告使用者能够迅速了解到项目的整体情况，掌握项目的基本要点。

二、评价内容与要点

1. 项目情况简述

项目情况简述包括项目实施地点、项目批复时间、投运年限、检修历史记录、设备缺陷、设备隐患、参建单位等相关情况说明。

2. 项目主要检修内容

项目主要检修内容包括主要设备名称、设备型号、设备数量、作业内容等。

3.项目检修成效

项目检修成效主要描述设备检修后运行状况，主要包括设备安全性、稳定性、运行可靠性、设备故障率及设备健康水平等。

第二节 项目前期工作评价

电网企业开展检修项目实施全过程后评价能够形成反馈机制，掌握检修工作成果及效益，以后评价方式推动检修项目管理水平的提升，保障电网的安全稳定运行。

1. 评价目的

对电网检修工程进行前期决策评价，主要是通过对比项目立项、项目建议书、可行性研究报告等前期决策目标与项目实施后的情况，重点对项目投入、项目实施的科学性、合理性、一致性进行评价。

2. 评价内容与要点

电网运维检修项目前期工作主要是项目需求调研和项目实施可行性分析。项目需求调研是了解项目开展的真实原因。可行性研究就是从技术、经济角度对即将实施的项目进行全面的分析，需要对项目投产后的经济效果进行预测，并在既定的范围内进行方案论证与选择，以便合理地利用资源，达到预定的社会效益和经济效益。项目的前期工作评价主要是对项目规划立项到项目计划下达的工作总结与评价。

（1）项目前期组织评价。

1）项目立项必要性。立项必要性是指检修项目是否成立的必要程度，它阐述了项目是否需要立项并实施的最根本的依据。项目后评价管理首先应该关注项目为什么要成立，故需要对项目立项必要性分析水平进行评价。立项必要性可从运行设备现状分析、安全性分析、效能与成本分析及政策适应性分析等方面进行分析评价，指标评价依据材料为项目可行性研究收口报告中立项必要性分析部分的内容。

立项必要性分析水平的评价内容：

a.运行设备现状分析。阐述待检修设备基本情况与存在的缺陷。

b. 安全性分析。分析待检修设备在电网运行中的重要性及其故障后给电网带来的危害。

c.效能与成本分析。分析待检修设备检修后产生的经济效益及效能改善情况。

d.政策适应性分析。分析检修项目是否与当地经济发展和社会需求相匹配。

2）项目决策流程规范程度。项目决策流程规范程度能反映项目管理工作的规范性。项目决策流程是指项目前期工作阶段，即项目从需求调研到批复实施所经历的流程。按照项目管理程序及国家项目投资前期研究决策程序的规定，电网检修项目决策流程主要包括项目需求上报、项目储备、可行性研究编制、可行性研究评审、可行性研究批复五个阶段，评价项目决策流程规范程度是通过检查项目在决策过程中各个阶段所留存的文档资料，对项目各个决策流程的执行情况及各个决策流程是否在招标前已执行做出评价，见表5-1。

表5-1 项目决策规范流程

序号	决策流程	所需材料
1	需求上报	需求表
2	项目储备	项目储备库清单
3	可行性研究编制	可行性研究报告
4	可行性研究评审	评审意见
5	可行性研究批复	批复文件

项目决策流程规范程度的评价内容包括：

a. 电网检修项目决策流程中的各个环节是否均执行。

b. 电网检修项目决策流程顺序是否合规。

（2）可行性研究报告编制质量评价。电网检修可行性研究报告是在检修工作开展之前，对技术、经济、风险性等各种因素进行调查、研究、分析，确定项目是否可行，估计经济效益和社会效果程度，为决策者提供决策审批依据的上报文件。电网检修项目根据资金规模和项目性质编制项目可行性研究报告或项目建议书。

项目建议书主要包括项目必要性、项目方案、项目投资、设备及材料等内容。

项目可行性研究报告主要包括工程概述、项目必要性、项目技术方案、经济性与财务合规性、项目拟拆除材料处置意见、项目实施安排、拟拆除设备材料清单、设备状态鉴定表及主要配件材料工程量清单等内容。

可行性研究报告确定了项目有利和不利的因素、项目是否可行，估计了项目经济效益和社会效果程度。因此，评价可行性研究报告质量的意义十分重大。项目可行性研究报告编制质量评价的主要内容包括：

1）报告内容的完整性。评价项目可行性研究报告需涵盖上述内容。

2）可行性研究报告深度。评价可行性研究报告编制深度是否满足相关规定。

3）可行性研究估算书的规范程度。评价配件费编制是否详细规范，检修费和其他费是否按照定额及计算规定进行编制。

（3）项目可行性研究报告审批评价。项目可行性研究报告审批评价主要通过分析可行性研究报告的编制、评审、批复等组织情况，评价编制单位资质、审批流程及质量是否符合相关管理办法的要求。

1）编制单位资质评价。评价可行性研究报告编制单位的资质是否符合要求。

a. 查阅项目可行性研究报告编制单位资质，评价其是否符合相关要求。

b. 查阅建设管理单位委托书内容是否完整，对可行性研究报告编制工作范围的界定是否明确。

2）可行性研究报告审批评价。说明可行性研究报告的审批时间及过程；简述可行性研究报告主要评审意见；对项目的必要性、技术方案和技术经济等部分是否提出了相应的意见和建议，并评价其合理性。

a. 核实说明可行性研究报告审批时间及过程是否符合相关管理规定的要求。

b. 简述可行性研究报告评审意见主要结论，调查可行性研究报告评审意见提出的问题和建议的落实情况。

c. 对可行性研究报告评审意见进行综合分析，评价其科学性、客观性及公正性。

3. 评价依据

项目前期工作评价依据见表5-2。

表5-2　项目前期工作评价依据

序号	评价内容	评价依据	
		国家、行业、企业的相关规定	项目基础资料
1	项目前期组织评价	（1）电网检修工作管理规定； （2）电网检修原则	项目储备清单
2	项目可行性研究报告质量评价	电网检修项目可行性研究内容深度规定	（1）可行性研究报告编制单位资质证书； （2）可行性研究报告文本
3	项目可行性研究报告审批评价	电网检修项目可行性研究报告编制与评审管理规定	（1）可行性研究报告编制委托书； （2）可行性研究报告评审意见； （3）可行性研究报告批复

注　相关评价依据应根据国家、行业、企业的相关规定，动态更新。

第三节　项目实施管理评价

一、项目实施准备工作评价

1. 评价目的

项目实施准备工作是指项目批复后，需要为项目实施过程做的准备工作。项目实施准备工作评价，主要是通过实施准备各项工作合规性的检查，评价实施准备工作的充分性，是否满足项目检修需要。

2. 评价内容与要点

实施准备是项目开始施工时必要的基础性工作，针对项目实施准备工作的主要评价内容包括设计阶段评价、招标采购评价及开工准备评价。

（1）设计阶段评价。设计阶段评价是指评价设计的内容是否完整，编制格式和深度是否符合相关管理规定的要求，主要包括设计单位资质评价、设计质量评价、设计图纸交底评价等。

1）设计单位资质评价。核实设计单位资质等级和设计范围，评价设计单位是否具备承担项目的资质和条件。

2）设计质量评价。

a. 设计依据评价。检查项目是否依据国家相关的政策、法规和规章，电力行业设计技术标准和电网企业标准的规定开展设计工作。

b. 设计内容深度评价。简要叙述设计文件包括的主要内容，分析其是否符合行业、电网企业规定内容深度的要求。

c. 分别对比设计的技术方案、施工过渡方案与实际施工的差异，分析差异产生的原因，评价设计的合理性。

3）设计图纸交底评价。简要叙述设计会审及设计交底开展情况，评价其是否符合国家、行业、电网企业的相关管理规定。

（2）招标采购评价。招投标是一种国际惯例，是商品经济高度发展的产物，是应用技术、经济的方法和市场经济竞争机制的作用，为了选择项目承包商而有组织开展的一种择优成交的方式。为了规范招投标工作，公平、公正地选择资质优秀且要价合理的承包商，需要对招标采购进行评价。

招标采购评价内容包括：

1）需要招标的内容是否进行招标：运维检修项目可能需要的招投标内容具体包括设计、监理、物资和施工招投标，根据项目实际情况进行评价。

2）招标过程中是否出现流标、废标现象。

3）是否存在先实施后招标情况。

（3）开工准备评价。项目招投标完成后将进入项目实施阶段，项目正式实施前要做好相应的准备工作。开工准备工作的基本任务是为项目开工建立必要的技术和物质条件，统筹安排施工力量。开工准备工作也是施工企业搞好目标管理，施工过程和设备安装顺利进行的根本保证。

开工准备评价内容包括：

1）项目开工前，检修计划制定情况。参建单位需要根据调度停电计划，拟定检修计划。

2）项目开工前，配件材料准备情况。

3.评价依据

项目实施准备工作评价依据见表5-3。

表5-3　项目实施准备工作评价依据

序号	评价内容	评价依据	
		国家、行业、企业的相关规定	项目基础资料
1	设计阶段评价	（1）初步设计内容深度规定； （2）施工图设计内容深度规定； （3）电网检修项目设计编制与评审管理规定	（1）设计委托书或者设计合同； （2）可行性研究报告及批复； （3）设计单位资质证明； （4）设计文件； （5）设计批复文件
2	招标采购评价	（1）《中华人民共和国招标投标法》及相关法律、法规； （2）招标活动管理办法； （3）招标采购管理细则	设计、施工、监理及物资采购中标通知书
3	开工准备评价	—	（1）停电计划； （2）检修计划； （3）检修作业指导书

注　相关评价依据应根据国家、行业、企业的相关规定，动态更新。

二、项目实施过程管理评价

1. 评价目的

项目实施准备工作完成后，项目进入到实施阶段。实施阶段是项目财力、物力集中投入和消耗的阶段，对项目能否发挥投资效益具有重要意义。项目实施过程管理评价的主要目的是考察管理措施是否合理有效，预期的控制目标是否达到。

2. 评价内容与要点

项目实施过程管理评价主要是对项目开工至项目完工阶段工作的总结与评价。评价重点是项目实际建设情况与计划情况的一致性和与规定标准的适配性，主要内容应包括对检修实施过程中进度管控、成本管控、安全控制、质量管理和合同执行与管理五个方面进行评价。

（1）合同执行与管理评价。合同是甲方与乙方签订的协议，具有法律约束力，保证项目按时按质完工。合同管理水平需要关注各类招标项目是否签订相应的合同，合同书写和签约流程是否规范，甲乙双方是否按照合同协定履行了承诺等内容。

合同执行与管理评价内容包括：

1）合同签订规范程度。评价合同文本是否采用规定的合同范本。

2）合同签订流程合规情况。评价合同签订时间顺序是否符合要求，满足规范性。

3）合同内容完成情况。评价合同整体执行情况，双方各自履行义务的情况，对比合同中主要条款的执行情况并对执行差异部分进行原因责任的分析。

（2）进度管控评价。项目进度管控是根据工程项目的进度目标及停电计划，编制经济合理的进度计划，检查工程项目进度计划的执行情况。若发现实际执行情况与进度计划不一致，应评价项目进度管控措施的有效性及合理性。对比工程实际工期与计划工期的偏差程度，分析评价工程施工进度控制是否符合相关规定的要求，评价检修工程是否在停电计划时间内完成。

（3）成本管控评价。实施过程的成本管控主要围绕检修工程实施过程中，临时增加的项目与配件情况来进行评价。分析施工实际费用与预先计划的偏差，评价项目实施过程中的成本管控。

成本管控评价内容主要包括：

1）实施过程中是否出现设计变更。

2）实施过程中是否出现现场签证。

3）临时增加检修内容。

（4）质量管理评价。质量管理工作是为实现质量目标而进行的管理性活动。电网设备检修质量事关人民群众的生活质量，关系该地区社会经济的发展，因此对质量管理工作进行评价非常重要。

检修项目质量管理关键是对采购配件质量和检修过程中的质量进行管理监督。质量管理评价的主要内容包括：

1）各类配件质量评价。各类配件是否具有产品质量合格认证书。

2）设备检修质量评价。检修工作完成后，设备试验是否全部合格。

3）监理执行评价。项目是否执行工程监理制及监理单位在电网检修过程中是否按照合同要求履行职责。在进行项目后评价时，重点评价以下四点：

a. 查阅监理组织机构、责任制、管理程序、实施导则、质量控制等建立及落实情况。

b. 评价监理准备工作与监理工作执行情况，重点评价监理发生问题可能对项目总体目标产生的影响。

c. 评价监理工作效果，如"四控制"（安全、进度、质量、成本的控制）、"两管理"（合同、信息管理）、"一协调"执行情况，以及全过程监理工作情况。

d. 对监理工作水平做出总体评价，并对类似工程提出改进建议。

（5）安全控制评价。安全控制评价根据国家、行业及电网企业有关安全工作的规定和要求，评价安全文明施工策划的开展及其执行情况，包括风险源辨识、事故预控和安全事故、施工安全是否符合相关规定，事故处理是否符合相关要求。

安全控制工作是管理工作的重中之重，安全事故可分为人身伤亡事故、电网事故、设备事故、信息系统事故四类，事故等级可依据相关规程判定。项目安全控制主要根据检修过程发生的安全事故等级来评价。

安全控制的主要评价内容包括施工过程中发生安全事故的情况。

3. 评价依据

项目实施过程管理评价依据见表5-4。

表5-4 项目实施过程管理评价依据

序号	评价内容	评价依据	
		国家、行业、企业的相关规定	项目基础资料
1	合同执行与管理评价	（1）《中华人民共和国合同法》； （2）相关合同管理办法； （3）合同范本	（1）设计、施工、监理及物资采购合同； （2）合同补充协议（若有）； （3）中标通知书
2	进度管控评价	电网检修工作管理规定	（1）检修作业指导书； （2）停电计划
3	成本管控评价	电网检修工作管理规定	（1）批复可行性研究估算书； （2）结算及审价报告

序号	评价内容	评价依据	
		国家、行业、企业的相关规定	项目基础资料
4	质量管理评价	（1）《建设工程质量管理条例》（国务院令第279号）； （2）《电力建设工程质量监督规定（暂行）》（电建质监〔2005〕52号）； （3）《建设工程监理规范》（GB/T 50319—2013）； （4）工程质量管理办法； （5）工程建设监理管理办法	（1）检修作业指导书； （2）监理报告； （3）隐蔽工程验收报告； （4）设备试验报告； （5）质量评定报告（验收报告）
5	安全控制评价	（1）《电力建设工程施工安全监督管理办法》（国家发改委令第28号）； （2）电力建设安全健康环境评价标准； （3）电网检修安全设施相关规定	（1）检修作业指导书； （2）质量评定报告（验收报告）

注 相关评价依据应根据国家、行业、企业的相关规定，动态更新。

第四节 项目验收阶段评价

一、项目验收工作评价

1. 评价目的

项目验收时全面考核检修项目工作，检查故障设备进行检修后是否达设计要求和工程质量标准的重要环节，对促进故障设备及时恢复投产，发挥投资效果，总结施工经验有重要作用。

2. 评价内容与要点

项目验收工作评价主要评价项目检修完成后的收尾工作，主要围绕验收组织和验收结果两个方面进行。

（1）验收组织评价。查阅验收的验收申请、验收组织、现场验收、验收总结、资料归档等相关资料，评价竣工验收组织的规范性。

（2）验收结果评价。查阅项目质量评定报告（验收报告），评价资料是否完整、内容是否规范，验收问题整改闭环管理情况及验收工作的质量。

3. 评价依据

项目验收工作评价依据见表5-5。

表5-5　项目验收工作评价依据

序号	评价内容	评价依据	
		国家、行业、企业的相关规定	项目基础资料
1	验收工作评价	电网检修工作管理规定	质量评定报告（验收报告）

注　相关评价依据应根据国家、行业、企业的相关规定，动态更新。

二、结算管理评价

1. 评价目的

对项目结算的及时性、正确性等情况进行评价，判断项目资金闭环管理水平。

2. 评价内容与要点

结算管理评价内容包括项目是否开展结算，施工、物资、设计、监理等单位结算是否在规定的时间内完成；分析项目审价开展情况，评价审价报告是否准确、合理。

3. 评价依据

项目结算管理评价依据见表5-6。

表5-6　项目结算管理评价依据

序号	评价内容	评价依据	
		国家、行业、企业的相关规定	项目基础资料
1	结算管理评价	电网检修工作管理规定	（1）结算； （2）审价报告

注　相关评价依据应根据国家、行业、企业的相关规定，动态更新。

三、档案管理评价

1. 评价目的

项目档案是项目检修管理过程中形成的具有保存价值的各种形式的历史记录。一个项目从立项、设计、施工、监理到验收的过程中会形成大量的文件材料，对各类文件资料的收集归档工作意义重大。档案资料是证明工作开展及顺利完成的主要依据，也是项目后评价的主要材料，对项目档案开展后评价有利于提高项目管理工作质量，提高档案收集归档的规范程度。

2. 评价内容与要点

评价项目归档工作是否在规定的时间内完成，是否包括项目前期、实施、验收、结算等全过程档案资料，评价文档内容是否字迹清晰、图标简洁，签字盖章手续是否完备。查阅归档资料清单，评价以下内容是否已归档：

（1）项目可行性研究报告及批复。

（2）项目作业指导书。

（3）项目中标通知书和合同文件。

（4）项目质量评定报告（验收报告）。

（5）施工单位的检修试验报告。

（6）项目结算书。

（7）其他相关资料。

3. 评价依据

档案管理评价依据见表5-7。

表5-7　档案管理评价依据

序号	评价内容	评价依据	
		国家、行业、企业的相关规定	项目基础资料
1	档案管理评价	（1）国家档案管理相关规定； （2）电网检修工作管理规定	归档资料清单

注　相关评价依据应根据国家、行业、企业的相关规定，动态更新。

第五节　项目运行效益评价

电网检修项目属于对已投运输变电工程的检修维护工作，检修对象是设备中可能存在缺陷的部件，对项目运行效益进行评价的主要目的是评估检修后设备的运行状况及检修工作的实际效果。考虑检修项目的特点，单个设备性能的改善对电网的影响通常难以量化，因此评估项目运营绩效的评价重点是围绕检修后设备项目运营绩效、项目社会效益及项目环境影响三个方面展开。

一、项目运营绩效评价

1. 评价目的

项目运营绩效评价是对电网设备检修前后的实际运营情况及检修效果进行评价。项目的运营情况关系着项目的目标能否最终实现，运营绩效评价的主要目的是，分析电网检修的必要性，评价的运行效果是否满足检修项目立项要求。

2. 评价内容与要点

项目运营绩效评价主要是对项目生产运营阶段工作情况的总结与评价。通过项目实际运营情况与可行性研究报告及相关规程、规范进行对比，重点对电网检修项目的目标实现程度及符合规程、规范方面进行评价。

项目运营绩效评价主要评价项目的安全、效能和效益。

（1）安全评价。安全评价通过论述项目运行后在消除电网安全风险（设备缺陷及隐患消除情况，企业反事故措施要求落实情况）和提升设备可靠性等方面的效果，并结合相关安全指标变化进行深入评价。

1）分析项目检修后，检修设备的运行情况。

2）对比项目检修前后，在提高电网安全水平和设备健康水平上，降低人身安全影响等方面的成效。

（2）效能评价。效能评价通过论述项目运行后在输电能力、设备等效利用率和节能环保水平、适应电网发展等方面产生的效果，并结合相关生产管理各项指标（如检修后设备可用率、装置动作正确率、电压合格率、线损率等指标）变化情况进行评价。

（3）效益评价。效益评价按照资产全生命周期成本（LCC）计算方法，对项目技术方案的初始投入成本、运维成本、检修成本、故障成本、退役处置成本等进行全面计算归集，采用成本比较法或成本–效益比较法对项目实施的经济效益进行评价。

3. 评价依据

项目运营绩效评价依据见表5-8。

表5-8　项目运营绩效评价依据

序号	评价内容	评价依据	
		国家、行业、企业的相关规定	项目基础资料
1	安全评价	—	电网调度运行资料
2	效能评价	—	（1）电网调度运行资料； （2）项目实施前后的网损率指标值
3	效益评价	（1）建设《项目经济评价方法与参数（第三版）》； （2）输变电工程经济评价导则（DL/T 5438—2009）	项目输入输出、上网下网电量详表

注　相关评价依据应根据国家、行业、企业的相关规定，动态更新。

二、项目社会效益评价

1. 评价目的

针对社会有影响的项目进行社会效益评价。社会效益评价的目的主要是评价电网检修工程对区域经济社会发展、产业技术进步、服务用户质量等方面有何影响及促进作用，总结分析项目对各利益相关方的效益影响。

2. 评价内容与要点

项目社会效益评价主要是通过收集各方资料，总结工程各阶段经验、成果及社会反馈，综合评价项目的社会效益。其评价内容主要包括社会责任承担评价。

（1）对项目所承担的社会责任进行总结和评价。

（2）根据项目类型分析其在社会责任承担方面的积极影响和作用，如在生产安全运行、节约公共资源等方面的积极影响。

3. 评价依据

项目社会效益评价依据见表5-9。

表5-9　项目社会效益评价依据

序号	评价内容	评价依据	
		国家、行业、企业的相关规定	项目基础资料
1	社会责任承担评价	—	（1）项目各相关利益群体情况；（2）相关调查资料

注　相关评价依据应根据国家、行业、企业的相关规定，动态更新。

三、项目环境影响评价

1. 评价目的

针对环境有影响的项目进行环境影响评价。环境影响是指项目对周围地区在自然环境方面产生的作用和影响。环境影响评价是对项目从可行性研究到环境保护验收阶段的环境保护指标、环境保护措施及成果、对地区环境影响和生态保护等方面的评价。

项目环境影响评价主要是评价项目在前期决策、设计时是否充分考虑了项目对环境可能带来的影响，以及在施工阶段、运营阶段所采取的环境保护措施是否得力，是否能够真正有效地保护环境等。

2.评价内容与要点

项目环境影响评价主要是通过对项目各阶段所采取的环境保护措施进行评价，对环境影响报告书/表批复的落实情况进行评价，综合评价项目环境治理与生态保护的总体水平；对项目环境敏感点的实际测量，对照相应标准，评价项目实际污染和破坏限值是否符合环境标准要求。

环境保护措施落实评价通过分析项目检修期间对噪声、废水、扬尘、弃渣、生态影响等环境影响因素所采取的保护措施，评价其是否符合国家、地方环境保护政策、法规、标准的要求。

3.评价依据

项目环境影响评价依据见表5-10。

表5-10　项目环境影响评价依据

序号	评价内容	评价依据	
		国家、行业、企业的相关规定	项目基础资料
1	环境措施落实评价	（1）《建设项目环境保护管理条例》（国务院令第253号）； （2）《高压交流架空线路无线电干扰限值》（GB 15707—1995）； （3）《建筑施工场界环境噪声排放标准》（GB 12523—2011）	（1）设计文件； （2）作业指导书

注　相关评价依据应根据国家、行业、企业的相关规定，动态更新。

第六节　总结与分析

一、评价目的

项目后评价总结与分析是在以上各章完成的基础上进行的，是对前面几部分评价内容的归纳和总结，是从项目整体的角度，分析、评价项目目标的实现程度，对项目进行综合分析后，找出重点，深入研究，给出后评价结论。

二、评价内容与要点

1. 项目成功度评价

根据项目目标实现程度的定性的评价结论，采取分项打分的办法，评价项目总体的成功程度。依据宏观成功度评价表（见表5-11），对被评价的工程项目决策、建设、效益和运行情况分析研究，对该工程各项评价指标的相关重要性和等级进行评判。针对被评价项目侧重的工程重点，各评定指标的重要程度应相应调整。

表5-11　宏观成功度评价表

序号	评定项目目标	项目相关重要性	评定等级	备注
1	宏观目标和产业政策			
2	决策及其程序			
3	布局与规模			
4	项目目标及市场			
5	设计与技术装备水平			
6	资源和建设条件			
7	资金来源和融资			
8	项目进度及其控制			
9	项目质量及其控制			
10	项目投资及其控制			
11	项目经营			
12	机构和管理			
13	项目财务效益			
14	项目经济效益和影响			
15	社会和环境影响			
16	项目总评			

注　1. 项目相关重要性分为重要、次重要、不重要。

　　2. 评定等级分为A—成功、B—基本成功、C—部分成功、D—不成功、E—失败。

项目的成功度从项目决策、建设过程、经济效益、项目社会和环境影响等几个方面对工程的建设及投产运行情况进行了分析总结。根据项目成功度的评价等级标准，由专家组对各项评价指标打分，结合各指标重要性，得到项目的宏观成功度结果。

鉴于电网检修工程的多样性、复杂性和特殊性，可在宏观成功度评价的基础上，构建定量评价指标体系，通过专家打分法、层次分析法等科学方法实现对项目成功度的微观评价，进而得到项目综合成功度结果。由于电网技术改造工程建设内容千差万别，此处不再具体罗列综合成功度评价内容。

2. 项目后评价结论

（1）过程总结与评价。根据对项目决策、实施、运营阶段的回顾分析，归纳总结评价结论。

（2）效果、目标总结与评价。根据对项目安全、效能、效益的回顾分析，归纳总结评价结论。

（3）综合评价。综合评价结论应汇总以上各节评价内容，总结出项目的定性结论。得出的结论和提出的问题要用实际数据来表述，并归纳要点，突出重点。

3. 项目经验与不足

总结项目本身的管理经验和亮点，分析管理不足之处；与同类项目进行横向对比，分析差异性。总结可为同类项目借鉴的经验教训。

4. 项目措施和建议

针对项目存在的不足之处，提出改进措施；针对企业项目管理不足之处，提出改进建议。

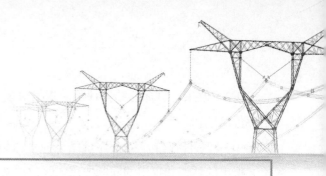

第六章

单项电网生产技术改造工程后评价实用案例

为了更好地使电力工程后评价专业人士开展电网技术改造工程后评价，本章选取具体的电网生产技术改造工程开展案例分析。对照第三章后评价常用方法和第四章电网技术改造工程后评价内容介绍，按照"抓核心、抓重点"原则，围绕项目概况、项目实施全过程评价、项目运营绩效评价、项目结论与分析四大部分，深入浅出地介绍各章具体评价内容和评价指标，形成第一类电网生产技术改造工程（即单项电网生产技术改造工程）后评价报告基本模板，以供读者共飨。

第一节　项目概况

一、项目情况简述

××主变压器更换工程位于××市。2013年9月17日，××公司运维检修部批复××主变压器更换工程可行性研究报告。2014年10月19日，××主变压器更换工程竣工送电。

××主变压器更换工程由××公司投资建设，××公司负责工程设计，××公司负责工程施工、设备安装、调试工作。

更换工程计划将原SFSL7–31500/110型主变压器更换为SSZ–50000/110型主变压器，并将原有中性点设备进行更换。

二、项目决策要点

1. 项目建设的必要性

××变电站1号主变压器为铝线圈变压器，型号为SFSL7–31500/110，由××变压器厂产品，1992年11月投运，截止到2014年已经运行21年。由于该变压器制造年限较早，设计和制造水平偏低，变压器绕组采用的是铝线圈，导致变压器抗短路能力不足。变压器运行年限较长，渗漏油较严重，增加了检修和运行成本。

此变压器主要为市区居民、工业提供用电。鉴于变压器在输变电系统中处于重要位置，一旦发生故障，可能同时造成设备资产和停电的巨大经济损失，以及恶劣的社会影响。2012年进行输变电设备定期评价时，此设备被评为注意状态。

更换工程有利于减少停电次数和时间，提高设备可靠性，节省检修费用，减轻检修人员劳动强度，具有较好的经济效益和社会效益。

综上所述，更换××变电站1号主变压器及其相关中性点设备是必要的。

2. 项目预期目标

通过更换××变电站1号主变压器及其设备基础，更换中性点装置及其设备基础，更换渗油井，以达到彻底地消除1号主变压器的安全隐患，提高变电站的安全运行水平及供电可靠性的目的。

3. 项目主要建设内容

（1）将原SFSL7-31500/110型主变压器更换为SSZ-50000/110型主变压器。
（2）将原有中性点设备更换为中性点成套装置。
（3）重新制作中性点设备基础，采用素混凝土基础。
（4）重新制作主变压器设备基础，采用钢筋混凝土基础。
（5）重新制作渗油井，采用普通砖混结构。

4. 项目实施进度

项目实施进度明细见表6-1。

表6-1　项目实施进度明细

阶段	主要事件	实施单位	日期
前期决策	可行性研究报告的编制	××公司	2013.05.08
	可行性研究报告评审	××公司	2013.07.30
	关于可行性研究报告的批复	××公司运维检修部	2013.09.17
实施	工程开工	××公司	2014.09.19
	工程竣工		2014.10.19
运行	工程投产运行	××供电公司	2014.09.25
工程决算	竣工决算报告编制	××供电公司	2014.12.31

5. 项目总投资

（1）可行性研究批复。××公司于2014年××变电站1号主变压器更换工程批复投资334万元，投资详细内容见表6-2。

表6-2　项目概算　　　　　　　　　　　　　　　　　单位：万元

总投资	其中			
	设备及材料购置费	建筑工程费	安装工程费	其他费用
334.00	259.12	21.65	24.47	28.76

（2）竣工决算投资。根据该项目竣工决算报告，××主变压器更换工程决算资金为300.43万元，其中，设备购置费198.74万元，安装工程费89.78万元，其他费用11.92万元，见表6-3。

表6-3　项目决算　　　　　　　　　　　　　　　　　单位：万元

总投资	其中		
	设备购置费	安装工程费	其他费用
300.43	198.74	89.78	11.92

（3）投资到位情况。依照《××公司2014年综合计划及第一批项目安排表》，××变电站主变压器更换改造项目的全部资金（共计334万元）由××公司下达，同时根据季度反馈结果，该项目的资金已全部划拨到位。该项目资金来源构成见表6-4，资金落实情况见表6-5。

表6-4　项目资金来源构成

项目名称	自筹资本金（万元）	融资金额（万元）	资金总额（万元）	资本金占总额比例（%）
××变电站主变压器更换改造	334	0	334	100

表6-5　资金落实情况

××变电站主变压器更换改造项目	一季度	二季度	三季度	四季度	总额
计划投资（万元）	0	0	0	334	334
实际投资（万元）	0	0	0	334	334
到位率（%）				100	100

6. 项目运行及效益现状

××主变压器更换工程由××公司负责，将原容量为31.5MVA的SFSL7-31500/110型主变压器更换为50MVA容量的SSZ-50000/110型主变压器，设备安装调试完成后，由运维检修部负责组织验收，验收合格后投运，现运行情况良好，无掉闸、无停运现象；工程消除了原变压器抗短路能力不足的安全隐患，极大地降低了故障发生的概率，消除电网安全风险，提高变电站安全运行水平，提高供电可靠性；减轻了检修人员的劳动强度，节省了检修费用，又能保证电网的安全稳定运行，为市区居民和工业提供用电保障，具有明显的经济效益。

第二节　项目前期工作评价

一、项目前期组织评价

1. 项目立项依据评价

××变电站是××市的重要供电站，共有主要变压器2台，为1992年11月投运的SFSL7-31500/110型主变压器。该型号主变压器运行至今存在较多安全隐患。

首先，SFSL7-31500/110型主变压器制造年限较早，设计和制造水平偏低，变压器绕组采用的是铝线圈，导致变压器抗短路能力不足。

其次，SFSL7-31500/110型主变压器线路出口采用绝缘导线，缩短保护动作时间的措施，减少近区短路发生的概率，取得了一定的效果，但随着电网的发展，出口短路电流在逐渐加大，致使变压器本身抗短路能力不足的隐患依然存在。

再次，截至2014年，该设备运行已达21年，主变压器内机构因锈蚀、受力、磨损等原因，造成渗漏油较严重，增加了检修和运行成本。

鉴于上述情况，××变电站更换1号主变压器对提高供电电压质量和供电可靠性的要求及满足日益增长的负荷需求是十分必要的。

该工程立项依据充分，论证合理。

2. 项目决策过程和程序评价

××主变压器更换工程可行性研究报告由××公司设计编制完成，××研究院对该工程可行性研究报告进行了评审。2013年9月17日，××公司运维检修部下发《××公司运维检修部关于××公司2014年技术改造大修储备项目可行性研究的批复》，核准项目建设，并开展相关前期工作。

根据该项目可行性研究报告中建设的必要性阐述和论据分析，项目具备可行性研究的立项标准，并客观合理地反映了实际情况，有效验证工程设想和项目方案的必要性和经济性。因此，该项目决策过程和程序完全符合规定的要求。

3. 项目决策科学性评价

××主变压器更换工程决算偏差程度较小，工程质量良好，达到预期安全目标；效能、效益指标实现期望；缓解了该地区电网供电紧张的局面，满足了当地目前的负荷增长要求，增强了设备稳定性，有效地减小风险概率和风险影响效果。立项理由与依据充分，技术改造目标与目的明确，项目决策科学有效。

二、项目可行性研究评价

1. 项目可行性研究报告深度评价

××主变压器更换工程可行性研究报告由××公司设计编制完成。该工程可行性研究投资334万元（静态投资），根据《生产技术改造和设备大修项目可行性研究报告编制与评审管理规定》，生产技术改造限上项目、单项投资总额在200万元及以上的限下项目应编制项目可行性研究报告。该项目符合编制条件。

在××公司的配合下，可行性研究报告编制单位经过现场踏勘和调研收集资料，确定项目建设方案符合××电网发展规划。可行性研究报告编制程序符合《生产技术改造和设备大修项目可行性研究报告编制与评审管理规定》，报告框架结构完整，内容充实全面，可行性研究报告包括总论、项目必要性、方案介绍、主要设备材料清单、估算书、拆除设备技术鉴定及处置建议等。可行性研究方案深度评价表见表6-6。

表6-6　项目可行性研究报告内容深度评价

序号	内容要求	项目可行性研究报告内容
1	项目必要性	（1）设备制造年限较早，设计和制造水平偏低，变压器抗短路能力不足； （2）……
2	技术方案说明	（1）将原SFSL7-31500/110主变更换为SSZ-31500/110型主变压器； （2）……
3	土建工程改造范围	××变电站有2台主变压器，将1号主变压器下台，进行设备基础制作，同时制作渗油井、中性点设备基础。在此期间，可用2号主变压器带全站负荷
4	投资分析	建筑工程费占总投资6.5%，安装工程费占总投资7.3%，设备购置费占总投资77.6%，其他费占总投资的8.6%

按照《生产技术改造和设备大修项目可行性研究报告编制与评审管理规定》的要求，报告原则上应达到初步设计深度，并按照资产全生命周期管理要求，通过安全、效能和全生命周期成本分析等进行实施改造，比较决策优化评价与方案论证。该项目可行性研究报告中工程概况介绍比较简单，工程施工安排合理，缺乏对拆除设备的处置方案及其合理依据，没有关于项目效能、资产全生命周期成本的分析。

2. 项目可行性研究报告审批评价

受××公司运维检修部委托，××研究院于2013年7月30日在××市组织召开了××公司2014年9项变电类技术改造限下项目评审会，并下发《××研究院关于××公司2014年变电类技术改造（限下）项目可行性研究报告及项目建议书的评审意见》。项目可行性研究评审过程合法、合规。

综上所述，该项目可行性研究报告编制单位符合资质要求，但报告内容缺乏必要的工程概况、退役设备的处置方案及效能、资产全生命周期成本的分析。

第三节　项目实施管理评价

一、项目实施准备工作评价

1. 初步设计评价

（1）设计单位资质评价。××主变压器更换工程的初步设计由××公司承担，具有甲级工程设计综合资质。企业自成立以来，主要开展电力工程勘察设计等相关经营业务。所有的产品均已通过内部质量标准。设计单位资质满足设计工作需求。

（2）初步设计质量评价。××公司根据《输变电工程初步设计内容深度规定》的有关要求，以现行的国家和行业规程、标准、规定，结合工程实际情况，于2015年5月完成初步设计。

工程初步设计工作以可行性研究评审意见为依据，遵循项目可行性研究报告及评审意见中确定的原则和方案，遵守国家和行业等有关部门颁发的设计文件编制和审批办法的规定。初步设计以设计图纸为主，内容全面，设计深度基本满足施工要求，但缺少初步设计总说明书。

2. 招标采购评价

××主变压器更换工程的设计、施工、监理招标工作均按照《中华人民共和国招标投标法》等有关规定，实行公开招标。通过招标择优选择资质合格、业绩优秀、服务优质的工程设计、施工、监理队伍。公开招标3家，未邀请招标，公开招标占比100%。招标覆盖率为100%。指标统计表见表6-7。

表6-7　招标覆盖率指标统计

指标	招标覆盖率（%）	招标项目总数（项）	应招标项目总数（项）
合计	100	3	3
设计	100	1	1
施工	100	1	1
监理	100	1	1

该工程的设计、施工、监理招标工作均由具有招标资质的××公司进行。招标代理工作遵循"公开、公平、公正"的原则，通过对每个投标单位的层层筛选，最终确定资质合规、报价合理、经验丰富的中标单位。整个招标工作流程符合国家相关法律、法规及有关招标管理的规定，确保了招标工作的顺利进行。

3. 施工组织设计评价

××主变压器更换工程施工过程中需要停电施工，因此制定了临时过渡方案。××变电站有2台主变压器，容量分别为50MVA（2号）和31.5MVA（1号）。××变电站正常负荷为60MVA，在变电站特殊方式下可导出负荷20MVA，剩余负荷可由2号主变压器带出。

针对停电施工，该工程施工单位制定了完整的停电施工方案，包括停电期间每天的施工内容等。同时，制定了严格的组织措施、安全措施、技术措施，选派经验丰富的现场工作负责人，由公司生产技术部、安全监察部、物资供应部派专人协助项目经理工作，保证停电期间顺利施工。停电施工期间，各施工队一切按照标准流程，安全有序地进行施工作业。施工期间未产生人员伤亡或其他事故。

该工程停工施工方案内容完整，科学合理，施工操作流程详细明确，对保证工期、质量有明确的措施，方案科学有效。

二、项目实施过程评价

1. 合同执行与管理评价

由有关项目工程的合同签订状况可知，合同主要分为3大类——设计合同、施工合同和监理合同。合同中，发包人均为××公司，设计合同中，项目设计承包人为××公司；施工合同中，项目承包人为××公司；监理合同中，项目的监理人为××监理公司。

（1）设计合同执行情况评价。由甲乙双方签订的勘察设计合同内容可知，设计单位需完成将××1号主变压器容量由31.5MVA更换为50MVA，并对中性点设备进行改造更换，包括设备基础及设备安装、调试等勘察设计。

在初步设计阶段，设计单位按照合同要求按时向××公司提交设计文件，根据评审意见对设计文件进行修改。设计合同执行情况良好。

（2）施工合同执行情况评价。根据施工合同内容，施工单位承担的工作内容为：将原SFSL7-31500/110型主变压器更换为SSZ-50000/110型主变压器，同时将原有中性点设备进行更换，需重新制作主变压器及中性点设备基础，重新制作渗油井。具体包括施工前准备、土建施工、设备运输、设备拆除、电气安装、设备调试及所需材料等。

进度要求：工期为30天。

质量要求：达到质量评级优良标准。

安全要求：实现人身伤亡"零事故"。

通过对各项目实施过程情况的了解可知，项目施工方在项目施工过程中，完全按照合同规定执行，执行状况良好：

第一，在开工前提供总进度计划、施工组织措施；

第二，施工中每周上报工程进度计划及进度完成统计报表；

第三，在规定工期内完成了工程承包内容；

第四，工程质量符合国家验收规范，建筑工程合格。

（3）监理合同执行情况评价。根据监理合同规定，监理方要对××主变压器更换工程的土建施工、电气安装、调试、旧设备拆除等工程质量、进度、成本、安全进行监理，并监督施工单位资料归档工作。

从项目实施情况了解到，监理方在项目工程施工过程中，均按照监理合同中的规定认真履行了监理工作任务，对工程施工全过程实行质量、进度、安全、投资控制，对施工合同、工程信息资料进行管理，同时做好施工各方的协调工作。在整个工程项目建设监理过程中，监理公司都以合同为宗旨，合同履行率达到100%，合同执行状况良好。

2.进度管控评价

（1）工程整体实施进度评价。××主变压器更换工程进度目标为2014年6月20日~12月30日。实际开工时间为2014年9月19日开工，2014年10月19日改造工程竣工。

实际工期在计划工期范围内。该项目按照××电网输变电停电检修计划完成，坚持以"工程进度服从安全、质量"为原则，积极采取相应措施，确保工程开、竣工时间和工程阶段性里程碑进度计划的按时完成。该工程更换主变压器工期为7天，具体时间进度见表6-8。

表6-8　主变压器更换时间进度

工期（天）	主要工作内容
第1天	拆除原1号主变压器三侧引线、器身二次电缆；拆除1号主变压器110kV中性点放电间隙装置，设置迁移主变压器现场
第2天	原1号主变压器整体迁移出1号变压器基础
第3天	新1号主变压器移至1号变压器基础就位。新变压器附件卸车，主变压器附件——储油柜、套管、散热器、压力释放阀、气体继电器、主变压器温度表、高压套管TA做检查、试验。变压器油抽样试验
第4天	附件安装（包括储油柜、高压套管、散热片、气体继电器、压力释放阀、管路安装等）；新变压器注油，检查变压器密封。安装新的主变压器中性点放电间隙
第5天	主变压器三侧引线接引、电缆敷设、二次接线、变压器接地引线制作安装，做主变压器交接试验《电力设备交接和检修后试验规程》（按照Q/GDW 07001—2013-10501）做常规试验、特殊试验、油试验等
第6天	1号变压器整体传动，包括主变压器瓦斯、压力释放、油温、油位等非电量传动，主变压器高后备保护、零序保护、间隙保护传动、有载调压装置的遥控传动和主变压器分接位置的遥信传动（如监控信息点表发生变化，停电前应向调控监控班报送新的点表）
第7天	1号变压器消缺、验收、送电

（2）施工阶段进度控制评价。××主变压器更换工程于2013年5月8日完成可行性研究报告，2013年9月17日××公司运维检修部下发可行性研究批复文件，文件中明确该项目的计划工期为1年，即2014年1月1日~12月31日。2014年3月11日该项目通过公开招标确定设计中标单位，并在一个月内签订了勘察设计合同。2014年5月7日，确定监理单位，签订监理合同并确定监理工期为2014年6月20日~12月30日，工期约半年。2014年9月4日确定施工中标单位，签订施工合同确定计划工期为2014年10月10日~12月31日。而该项目的实际开工时间是2014年9月19日~10月19日，建设工期为1个月，满足施工合同条款规定，比计划时间提前20天。2014年10月15日进行竣工验收，2014年10月16日竣工决算。2014年12月31日完成该项目决算报告的编制及审批。

因此，根据上述进度梳理，该项目开工时间比计划工期提前20天，按时完成施工任务，并在计划工期内完成决算工作。工程进度控制良好，符合要求。

××主变压器更换工程在进度控制方面严格按照计划进行，各部门配合紧密，工作积极，各项申请、审批工作高效有序开展，为保证工期提供了必要保障。

3. 变更和签证评价

该项目无设计变更情况发生。

4. 投资控制评价

（1）项目投资。根据××公司《关于下达2014年综合计划及第一批项目安排的通知》中批复××主变压器更换工程计划静态总投资为334万元。根据××主变压器更换工程决算报告，该工程竣工决算投资为300.43万元（不含增值税），全部转入固定资产。

（2）项目投资管理。××主变压器更换工程批准概算金额334万元，竣工决算审定金额300.43万元（不含增值税）；增值税进项抵扣金额32.98万元；节余比率为0.18%，见表6-9。

表6-9　项目投资相关指标

项目名称	概算金额（万元）	实际金额（万元）	抵扣增值税额（万元）	超（节）支金额（万元）	超（节）支率
××主变压器更换工程	334	300.43	32.98	0.59	0.18%

由图6-1可知，以初步设计概算做法基准进行偏差分析，概算与估算相同；决算比概算减少0.18%。概算与估算相比未偏离，符合《生产技术改造和大修项目初步设计编制与评审管理规定》的要求，偏离程度较小，可行性研究深度符合要求。决算比概算偏离0.18%，投资控制满足要求。

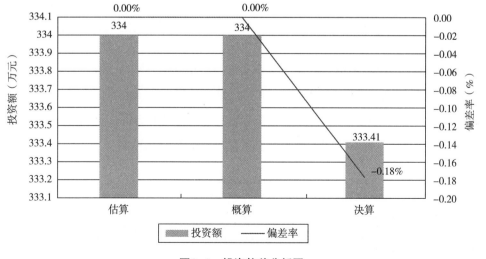

图6-1　投资偏差分析图

（3）控制投资的经验。××主变压器更换工程最终决算投资与概算投资偏差较小，符合投资控制要求。该项目属于设备更换改造项目，投资控制重点在于前期设备选型确定和设备价格；不可预见费用少，投资控制难度相对较低。主要经验在于前期做好设备选型和询价，派出有经验的人员参加施工图会审，尽量在施工前即发现设计和施工图纸的问题，避免返工造成投资增加；避免出现设计变更，有效地控制造价。

5.质量管理评价

（1）质量控制总体情况。××主变压器更换工程严格执行国家、行业、××公司有关工程建设质量管理的法律、法规和规章制度，贯彻实施工程设计技术原则，满足国家和行业施工验收规范的要求。为了确保满足《××公司输变电工程达标投产考核办法》和《××公司输变电工程优质工程评选办法》的标准要求、创××公司优质工程，该项目制定了以下质量目标：

1）保证贯彻和实施工程主要设计的技术原则及国家、行业颁发的规范、规程。

2）杜绝重大质量事故和质量管理事故的发生。

3）达到国家有关施工规范及验收评价合格标准。

××主变压器更换工程在运维检修部组织下，在保证安全、质量的基础上，于2014年10月15日竣工，验收合格，达到了设计规范要求、工程质量优良，见表6-10。

表6-10 验收结果评价

序号	验收项目	验收结果	评价结论
1	××1号主变压器设备安装、调试	合格	满足要求
2	××110kV中性点设备安装调试	合格	满足要求
3	××站1号主变压器系统调试	合格	满足要求

综上所述，该项目满足招标技术条件要求，质量合格，验收合格。

（2）质量控制措施及执行情况评价。为保证质量目标的实现，各参建单位均在开工前编制了创优实施细则和强制性条文实施计划，明确了实现创优目标的质量保证措施。该工程按照施工阶段识别出重要的质量控制点进行重点控制，见表6-11。

表6-11 质量控制措施

序号	阶段	质量控制点
1		技术资料、文件准备详细完善
2	施工准备阶段	设计交底和图纸审核
3		设备采购选型要合理

续表

序号	阶段	质量控制点
4	施工阶段	编制有针对性的项目管理实施规划或者施工组织设计
5		针对特殊工序编制有针对性的作业指导书
6		设备采购要验收并复核检验，建立供应商档案
7		施工过程中实行自检、互检、交接检的三检制度，并认真做好文字记录
8		确定各施工环节的质量负责人，层层把关
9	竣工阶段	严格按照要求进行质量验收
10		工程相关资料整理归档

针对上述质量控制点，该项目各参建单位重点把控，严格按照规范执行，并制定了详细的执行流程，如图6-2所示。

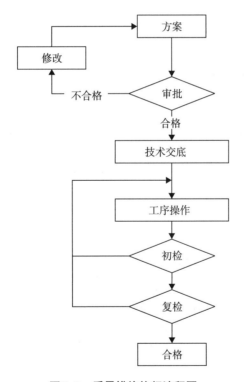

图6-2　质量措施执行流程图

综上所述，××主变压器更换工程依据重点控制关键点的思想，制定了严格的质量控制措施，并严格执行。该项目从前期准备、施工、竣工完成过程中未发生质量问题，质量控制执行良好。

6. 安全控制评价

（1）安全控制总体情况。××主变压器更换工程坚决贯彻执行《××公司基建安全管理规定》、××公司的安全管理相关规定，认真履行施工单位的安全职责，做到事前预控周密、过程控制严格，以实现施工安全的可控、能控、在控。该工程按照"安全第一、预防为主、综合治理"的安全生产方针，本着"安全、文明、标准、规范"的安全施工理念组织施工，确保安全高效完成任务。

施工单位制定了完善的安全管理制度，建立健全了安全管理体系，明确了各管理部门和人员的安全管理职责，具体见表6-12。

表6-12 施工单位安全管理职责

序号	管理人员	安全职责
1	工程项目经理	安全第一责任人，对该工程安全施工负直接领导责任，组织编制安全施工措施并组织实施，组织安全检查及安全例会
2	项目工程师	对该工程的安全技术负责，组织编制施工技术措施，组织进行技术和安全交底
3	安全员	在项目经理的领导下，做好该工程的安全管理工作，并始终在施工现场进行巡查，发现事故苗头应及时制止
4	班组长	本班安全施工的第一责任人，对本班组人员在施工过程中的安全和健康负责，组织编制并实施班安全管理目标，组织本班组人员进行安全学习，及时纠正违章行为，组织好每周一次的"安全日"活动，坚持每天的"工前会"
5	班组内安全员	协助班组长做好班组内安全工作

（2）安全目标控制评价。在总目标的基础上，进行目标分解。安全目标控制情况评价见表6-13。

表6-13 安全控制情况评价

序号	安全目标	安全指标	实际数值	评价结论
1	认真贯彻安全文明生产的方针，在施工过程中把"安全第一，预防为主"的安全生产方针贯彻落实到生产过程的每个环节，确保全过程管理严格、计划周密、措施得力、行为规范，并做到组织落实、制度落实、思想落实	完成	达标	
2	不发生轻伤事故	轻伤事故数量	0	达标
3	杜绝人身重伤以上事故	人身重伤以上事故数量	0	达标
4	消灭机具设备的违章操作；消灭习惯性违章；消灭违章指挥等违章管理及违章作业	机具设备的违章操作事故	0	达标
		习惯性违章事故	0	
		违章指挥事故	0	
5	控制污染物的排放，节能降耗	控制污染物的排放	0	达标
		节能降耗	0	

综上所述，各施工单位于开工前制订了安全控制目标和安全保障措施，并能够执行指定的安全控制措施，在整个工程中，安全始终处于受控、可控、在控状态。工作责任制逐层分解，工程全过程未发生人身、设备事故，未发生环境污染事件，实现了原定的安全管理控制目标。

7. 物资拆旧及利旧评价

（1）物资拆旧评价。该工程对××变电站1号主变压器进行拆除。将拆除的原1号主变压器整体移出基础，移至站内合适位置（原1号主变压器就近处，不影响设备运行及新1号主变压器的上台运输）。在拆除过程中，施工单位较好地完成了设备的绑扎、固定，整体装车、运输至变电站内指定的物资回收区的相关工作。施工现场所有电气设备拆除前后，都进行了细致检查，并确保了设备的完整无损，拆除的原1号主变压器按指定场地存放，并做好标识，在存放场地四周设定安全遮栏。退役设备的拆除过程科学、有效，具有可操作性，对退役设备的处置恰当、合理。

（2）物资利旧评价。根据××公司提供的报废资产技术鉴定报告：××变电站1号主变压器型号为SFSL7-31500/110，为铝线圈变压器，自1992年11月投运，现已经运行21年。该台主变压器主要存在抗短路能力较弱、损耗较大、渗漏油严重、运行成本高的问题，现已经退出运行，已无使用价值，建议报废处理。

此报废处理意见理由与依据充分，论证合理，方案具有合理性和可操作性。

第四节　项目竣工验收阶段评价

一、项目竣工验收评价

竣工验收作为质量控制的一个重要环节，对工程质量控制起到至关重要的作用，验收流程具体包括施工单位三级自检、监理单位预检、竣工验收。

施工单位作为工程的施工方，严格执行工程的三级质量制度，加强工序质量控制，确保工程质量。严格依据施工单位质量文件、工程技术管理规定及其他有关管理规定，对各级验收检查做到认真检查记录，并列出"存在问题清单"，及时反馈到各施工班组，施工班组根据问题清单及时消缺，完成后，立即反馈，申请下一级验收。施工单位在完成三级自检后，出具工程竣工验收申请表，报监理单位预验收。监理单位根据施工合同内容、施工图及电力行业相关技术规程和验收规范，对工程项目进行预验收。验收合格后，申请建设单位正式验收。通过多级验收，有效地消除了工程建设中遗留的问题，有力地保证了工程项目的建设质量。

运维检修部于2014年10月15日，对××主变压器更换工程组织正式验收。验收委员会对工程进行了竣工验收，根据国家工程验收相关规定，经过现场查看、查验竣工资料和会议讨论，形成竣工验收报告。经验定，工程项目合格，总体质量优良，见表6-14。

表6-14　线路主要工程验收情况

序号	工程名称	单位工程验收评定结果	工程验收合格率（%）
1	××1号主变压器设备安装、调试	合格	100
2	××110kV中性点设备安装调试	合格	100
3	××站1号主变压器系统调试	合格	100

综上所述，××主变压器更换工程满足施工合同及监理合同要求，工程具备达标投产验收条件。实施过程依据项目实施方案开展，现场验收符合相关标准要求。工程验收合格率为100%，工程质量评级为优良。

二、项目结、决算管理评价

1.项目结算审价管理评价

2014年10月16日，××公司运维检修部对××主变压器更换工程完成了结算报告的编制，并完成结算审核工作。报告主要内容包括项目完成的主要内容、项目形成的能力及效益分析、项目验收意见、遗留问题和处理措施及费用明细表。结算报告编制的依据有：

（1）可行性研究报告及其投资估算书。

（2）初步设计及其概算或修正概算书。

（3）设计交底或图纸会审会议纪要。

（4）竣工图及各种竣工验收资料。

（5）设备、材料调价文件和调价记录。

（6）有关财务核算制度，办法和其他有关资料、文件等。

因此，该项目竣工结算报告编制满足深度要求，内容完善，各项结算数据完整。结算审核工作符合流程，审核依据充分合理。

2.项目决算转资管理评价

为控制工程投资，严格控制投资目标，充分发挥资金的时间效益，××公司加强投资管理，坚持以××公司批准的投资计划为依据，将项目工程的支出严格控制在初步设计批复投资内，力求降低成本，严把决算关。××公司完成该项目决算编制工作，报告数据准确完整，依据充分。该项目资本全部来源于××公司，无银行贷款，资金到位及时，到位资金为334万元。

该项目决算工作流程符合要求，报告编制严谨完善，资金全部及时到位。

三、档案管理评价

该项目在施工过程中各环节都进行了记载和资料收集，以及各种具有重要文件的各种载体档案，项目实施过程按照《生产技术改造工作管理规定》的要求进行资料收集、整理，分类立卷后归档，见表6-15。

表6-15　资料归档记录

序号	名称	是否归档	登记人	归档时间
1	档案目录	是	档案管理人员	××年××月××日
2	项目可行性研究报告及批复文件	是	档案管理人员	××年××月××日
3	项目计划下达文件	是	档案管理人员	××年××月××日
4	项目初步设计及批复文件，施工图设计及审查文件	是	档案管理人员	××年××月××日
5	项目开竣工报告、项目施工方案和安全技术措施	是	档案管理人员	××年××月××日
6	项目有关招标文件、供应商投标文件、中标通知书和相关合同文件	是	档案管理人员	××年××月××日
7	项目监理、施工、验收记录等资料，设计变更资料	是	档案管理人员	××年××月××日
8	设备合格证、出厂报告	是	档案管理人员	××年××月××日
9	设备拆旧清单及移交手续	是	档案管理人员	××年××月××日
10	施工单位安装、调试和启动测试报告	是	档案管理人员	××年××月××日
11	项目竣工结算书和竣工图纸	是	档案管理人员	××年××月××日
12	项目竣工决算表	是	档案管理人员	××年××月××日
13	结算核价、决算审核资料	是	档案管理人员	××年××月××日

综上所述，××主变压器更换工程归档资料提交及时、内容齐全、资料完整、详实可靠，项目的档案管理工作符合技术改造管理要求。

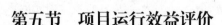

第五节　项目运行效益评价

一、项目运营绩效评价

1. 安全评价

（1）消除电网安全风险。××110kV变电站1号原主变压器采用的是铝线圈，因多年运行加之变压器本身的性能和参数已不能满足电网日渐增长的负荷需求，导致变压器抗短路能力不足，存在较大的安全隐患，风险等级较高。将原来的SFSL7-31500/110型主变压器更换为SSZ-50000/110型主变压器后，彻底消除原变压器抗短路能力不足所带来的安全隐患，极大地降低了故障发生的概率，风险等级降低，消除电网安全风险，提高了变电站安全运行水平及电网供电可靠性。

（2）提升设备可靠性。随着社会经济的发展，人们对变压器的结构、品种、用途和性能提出越来越高的要求。我国近些年由于大型电力变压器运行故障和事故所造成的危害和损失比较严重，例如，2016年6月19日××变电站起火爆炸事故，即是因为主变压器电缆沟失火所导致的变压器故障起火，事故导致某地区短暂、大面积停电，给人民的生命财产带来了不可估量的损失，因此，提高电力变压器的可靠性具有十分重大的经济意义和社会意义。

××110kV变电站（1号）主变压器更换工程改造技术实施前后，原变压器与新变压器主要技术参数对比情况见表6-16。

表6-16　原变压器与新变压器主要技术参数对比

序号	参数名称		原变压器参数值	新设备参数值
1	额定容量（kVA）		31500	50000
2	负荷损耗（kW）	高压-中压	154	193.8
		高压-低压	145	201.0
		中压-低压	117	178.5
3	100%额定容量阻抗电压（%）	高压-中压	16.8	10.2
		高压-低压	9.68	17.9
		中压-低压	6.06	6.29
4	空载损耗（kW）		37.8	35.7
5	空载电流（%）		0.721	0.10

由表6-16可知，更换后的变压器与原变压器相比，额定容量增大，输出能力增大，抗冲击能力变强，系统运行比更换前更加稳定；系统的空载损耗和空载电流减小，说明更换后的变压器在保障电力系统稳定运行的基础上，降低了损耗，减少了运行成本，提升了设备的经济效益；新设备其他技术参数，如抗水平冲击能力达到0.2g，抗垂直冲击能力达到0.1g，安全系数为1.67，噪声水平为61dB，也均符合国家相关标准和规范的要求。

通过对××1号主变压器的更换，解决了原变压器抗短路能力较弱、损耗较大、渗漏油严重、运行成本高的问题，减少了停电次数和停电时间，设备可靠性大幅度提升。设备安装、调试、验收合格后投运，运行情况良好，截至目前无跳闸停电事故。

2. 效能评价

变压器在电力系统中具有重要的作用，一旦发生事故，将会同时造成设备资产和停电的巨大经济损失及恶劣的社会影响，因此，对于老旧变压器进行技术改造，不仅能够保障设备本身运行良好，而且对电网的建设也能起到积极的推进作用。

××1号主变压器更换后运行至今，在提高变压器抗短路能力，消除变压器本身的安全隐患，提高设备可靠性的同时，既增强了电网的装备水平，减轻了运维检修人员的劳动强度，节省了检修费用，又保证了电网的供电质量及电网的安全稳定运行，为市区居民和工业提供用电保障，适应我国建设资源节约型和环境友好型社会的理念，项目效能表现良好。

3. 效益评价

（1）全生命周期成本（LCC）。本节采用有无对比法并结合全生命周期成本（LCC）进行效益评价。有无对比法是指在项目周期内"有项目"（实施项目）相关指标的实际值与"无项目"（不实施项目）相关指标的预测值对比，用以度量项目真实的效益、作用及影响，即

$$LCC＝初次投入成本CI＋运维检修成本COM＋故障成本CF＋退役处理成本CD$$
$$计算的周期T＝设备使用寿命－设备已使用年限$$

（2）评价过程及结果。综合相关成本统计分析及计算经验，在公司取得相关研究成果之前，生产技术改造大修项目全生命周期成本计算中暂采取以下简化计算方法。

1）简化计算原则。

a. 相对比较原则。即生产技术改造大修项目全生命周期成本计算主要用于技术方案比较，仅计算方案间相对全生命周期成本，对于方案间相差不大或难以准确计算的成本

部分可近似认为相等，从而不进行具体计算。

b. 不考虑沉没成本。即对于设备在本次改造（大修）时点前发生的成本不予考虑，仅考虑采取该技术方案带来的新的投入成本。

c. 暂不考虑资金的时间价值。

2）简化计算结果。依据全生命周期成本理论，全生命周期成本 LCC=CI+COM+CF+CD。现假定设备短期内不退役，分别计算不改造及改造后的平均年成本，即

a. 计算的周期 T＝设备使用寿命－设备已使用年限＝20（年）

b. CI——初次投入成本，包括设备购置费、建筑安装费用和其他费用

CI（不改造）=0

CI（改造后）=297.46（1–5%）（A/P，8%，20）=31.97（万元）

××主变压器更换工程项目的决算金额为333.41万元（含增值税额），形成固定资产300.43万元，设备的残值率为5%，按照折现率8%来计算年值，作为实施该改造项目的初始投入成本。

c. 运维检修成本 COM

COM(不改造)=人工费+台班费+检修费=2×1×12+1×12×4×0.01+20=44.48（万元）

COM（改造后）=28.78×2.2%=0.63（万元）

d. 故障成本 CF

该项目目前投运1年，设备运行良好，未出现任何故障。未来运行年中按照每年出现1次故障发生的成本计算。

e. 退役处理成本 CD

CD（不改造）=0

CD（改造后）=0–73t×0.5(A/P，8%，20)–297.46×5%(A/F，8%，20)=–4.05（万元）

f. 全生命周期成本 LCC

LCC（不改造）=44.48万元

LCC（改造后）=31.97+0.63–4.05=28.55（万元）（小于不改造全生命周期成本）

根据项目全生命周期成本计算分析，可知××变电站更换1号主变压器后运维成本（不含损耗）、检修成本、故障成本均比改造前方案降低，改造后全生命周期成本降低。

二、项目社会效益评价

社会效益评价是在系统调查和预测拟建项目的建设、运营产生的社会影响与社会效益的基础上，分析评价项目所在地区的社会环境对项目的适应性和可接受程度。社会效益评价内容包括项目的社会效益与影响分析、项目与所在地区的互适性分析和社会风险三个方面，见表6-17。

社会效益与影响分析包括正面和负面两方面；互适性分析主要是分析项目能否为当地的社会环境、人文条件所接纳，以及当地政府、居民支持项目的程度，考察项目与当地社会环境的相互适应关系；社会风险分析是对可能效益项目的各种社会因素进行识别和排序，选择效益面大、持续时间长，并容易导致较大矛盾的社会因素进行预测，分析可能出现这种风险的社会环境和条件，通过分析社会风险因素，估计可能导致的后果，提出相应的措施建议。

表6-17　项目社会效益评价主要内容

社会效益分析	社会效益与影响分析	对居民收入的效益
		对居民生活水平和生活质量的效益
		对居民就业的效益
		对不同利益相关者的效益
		对地区文化、教育、卫生的效益
		对地区基础设施、社会服务容量和城市化进程的效益
	互适性分析	不同利益相关者的态度
		当地社会组织的态度
		当地社会环境条件
	社会风险分析	移民安置问题
		民族矛盾、宗教问题
		弱势群体支持问题
		受损补偿问题

社会效益评价应以各项社会政策为基础，针对国家与地方各项社会发展目标的贡献与效益进行分析评价。其主要评价指标多而繁杂，在选择社会评价指标时，不同行业、不同类型的项目应有所差别。

1. 社会效益与影响分析

变压器是电力传输和分配的基础设备，使用量大、运行时间长，在电力系统中发挥着关键作用。变压器在选择和运行上存在着很大的社会效益和节能潜力，对当前提出的建立节约型社会、节约型企业有很重要的意义。

目前，我国已投入运行的变压器较多，而变压器自身的电能损耗占总能耗的比例较大，因此降低变压器自身损耗是节约电能的一项重要措施。通过变压器增容改造技术，减少变压器损耗，增强变压器抗短路能力，电网供电质量得到提高，用户的用电满意度也随之得到提高，节约能源的同时，降低能源消耗成本，为社会经济的发展提供了重要支撑。同时，通过对变压器进行设计计算、结构优化、提高抗短路能力、制造工艺等方面的技术研究，完成老式变压器的更新换代，进而促进科技技术、产业技术的发展，符合现阶段我国的基本国情，其推广应用具有十分广泛的前景。

2. 互适性分析

变电站更换工程作为社会发展的基础性工程，项目的实施得到了当地社会环境、政府、居民的积极支持与配合，基本不存在阻碍项目建设与发展的因素，同时由于项目建成投产后电力供应充足，供电企业与当地企业的发展水平、居民生活水平实现共赢的局面，互适性良好。

3. 社会风险分析

该项目的实施不存在移民安置、民族矛盾、宗教问题和弱势群体支持等社会风险性因素，项目在原站址改造，未涉及占地补偿、树木补偿等，不存在其他社会风险性因素。

三、项目环境影响评价

××主变压器更换工程在项目实施过程中，施工人员严格按照施工方案及环境保护相关规定进行操作，建设相应的环境保护设施，文明施工，做到工完、料净、场地清，不涉及对施工现场及周边环境的影响问题。

变压器实施改造后，内部电力损耗减少，电能利用效率提高，进而减少了运行过程中有害气体的排放量，减少了大气污染，为环境保护做出了应有的贡献，此类工程将极大地推动工业建筑的节能步伐，使城市面貌得到改观，为城市环境的改善带来更多的环境效益。

第六节　项目后评价结论

一、项目成功度评价

1. 项目宏观成功度评价

对××主变压器更换工程建设、效益和运行情况进行分析研究，对该工程各项评价指标的相关重要性和等级进行评判,见表6-18。

对××主变压器更换工程来说,根据工程实际,宏观上××和××指标比其他指标的重要性低一级。

表6-18 宏观成功度评价

序号	评定项目目标	项目相关重要性	评定等级
1	宏观目标和产业政策	次重要	A
2	决策及其程序	重要	B
3	布局与规模	重要	A
4	项目目标及市场	重要	A
5	设计与技术装备水平	重要	B
6	资源和建设条件	次重要	A
7	资金来源和融资	次重要	A
8	项目进度及其控制	重要	A
9	项目质量及其控制	重要	A
10	项目投资及其控制	重要	A
11	项目经营	次重要	A
12	机构和管理	次重要	A
13	项目财务效益	次重要	B
14	项目经济效益和影响	重要	A
15	社会和环境影响	重要	A
项目总评			A

注 1. 项目相关重要性分为重要、次重要、不重要。
　　2. 评定等级分为A—成功、B—基本成功、C—部分成功、D—不成功、E—失败。

本次评价从宏观方面对项目建设过程、经济效益、项目社会和环境影响等几个方面对××主变压器更换工程的建设及投产运行情况进行分析总结。对指标的相关重要性进行评定,通过打分对项目的总体成功度进行评价,宏观综合成功度评价结果为A,说明工程建设评定等级为成功。

2.项目综合成功度评价

在宏观成功度评价基础上采用综合成功度评价法,通过微观评判因素综合加权总评,对××主变压器更换工程建设、效益、运行情况、社会环境效益的分析研究,对该工程各项评价指标的相关重要性和等级进行评判,确定指标的权重。通过对工程成功度评价定量指标基础数据的统计和定性指标的打分,得到最终的××主变压器更换工程综合成功度。

（1）指标体系的建立。根据生产技术改造项目后评价的定性指标体系，该项目结合工程实际情况，对指标体系进行深化，构建三级的定性评价体系，如图6-4所示。

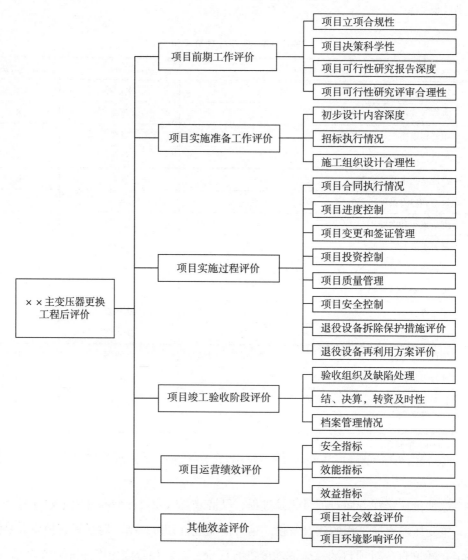

图6-3　××主变压器更换工程后评价指标体系

（2）层次分析法（AHP）的指标权重确定。考虑项目后评价的影响因素众多，一般的评价方法很难全面衡量各项指标的权重。本次评价利用层次分析法（AHP），集中并汇总专家的意见，并通过将评价对象的各个影响因素两两进行相互比较，得出影响指标间的相对重要性程度，进而构造判断矩阵，科学客观地获得各指标的权重。

利用层次分析法求解指标权重大致包括两个步骤：

1）通过合理的分析评价系统中各指标因素之间的关系，建立评价系统的层次结构；层次结构主要包括三个层次。

　　a.目标层：表示要解决的问题，即决策问题所要达到的目的。

　　b.准则层：实现目标所采取的某种措施、政策和准则。

　　c.方案层：参与选择的各种备选方案。

　　2）对同一层的各指标因素关于上一层某一准则的重要性进行两两比较，构建判断矩阵$A=\{a_{ij}\}_{n\times n}$。

　　针对某一准则，按照1～9比例标度对指标重要性程度进行赋值，指标标度的含义如表6-19所示。对于某一准则，被比较指标因素构成两两比较的判断矩阵。

表6-19　1～9标度的含义

标度	含义
1	表示两个因素相比，具有相同的重要性
3	表示两个因素相比，前者比后者稍微重要
5	表示两个因素相比，前者比后者明显重要
7	表示两个因素相比，前者比后者强烈重要
9	表示两个因素相比，前者比后者极端重要
2，4，6，8	表示上述相邻判断的中间值
倒数	若因素i与因素j的重要性之比为a_{ij}，那么因素j与因素i重要性之比为$a_{ij}=\dfrac{1}{a_{ij}}$

　　求解判断矩阵A的特征根

$$AW=\lambda_{\max}W$$

　　式中：$\lambda_{\max}$为判断矩阵A的最大特征值，W为判断矩阵A最大特征值$\lambda_{\max}$对应的特征向量。

　　利用层次分析法求解权重，其最核心的步骤就是由专家对指标进行评判，得出判断矩阵，进而计算出排序向量。但在判断矩阵中可能会出现逻辑上的反常现象，未消除此类影响，需要对判断矩阵进行一致性检验。

　　若判断矩阵$A=\{a_{ij}\}_{n\times n}$中的元素满足$a_{ij}>0$，$a_{ji}=1/a_{ij}$，$a_{i1}=1$，则A属于正互反矩阵，若此正互反矩阵同时满足$a_{ji}=a_{ik}/a_{jk}$，则A为完全一致性矩阵。一般情况下，判断矩阵很难满足一致性条件。

　　Thomas.L.saaty教授在其研究中给出了一致性指标CI（consistency index）、平均随机一致性指标RI（random index）和一致性比例CR。

　　判断矩阵一致性指标CI为

$$CI=(\lambda_{\max}-m)/(m-1)$$

判断矩阵的平均随机一致性指标RI为

$$RI=(\lambda_{max}-m)/(m-1)$$

对于1～10阶判断矩阵，RI值见表6-20。

表6-20　平均随机一致性指标RI

阶数	1	2	3	4	5	6	7	8	9	10
RI	0	0	0.58	0.9	1.12	1.24	1.32	1.41	1.45	1.49

随机一致性比例CR为

$$CI=CI/RI$$

当$CR<0.10$时，则判断矩阵可视为具有满意的一致性，不存在逻辑上的反常现象，否则需要调整判断矩阵，使之具有满意的一致性。

当判断矩阵未通过一致性检验时，需要通过调整判断矩阵中的元素，再通过合理的调整后再次进行一致性检验，直至通过。一致性的改进可采用如下几个步骤：

1）对判断矩阵A进行行列归一化

$$A^*=\begin{bmatrix} a_{11}^* & a_{12}^* & \cdots & a_{1n}^* \\ a_{21}^* & a_{22}^* & \cdots & a_{2n}^* \\ \vdots & \vdots & \vdots & \vdots \\ a_{n1}^* & a_{n2}^* & \cdots & a_{nn}^* \end{bmatrix}，其中 a_{ij}^*=\frac{a_{ij}}{\sum_{i=1}^{n} a_{ij}}$$

2）利用"和积法"求排序向量

$$W^*=\begin{Bmatrix} w_1 \\ w_2 \\ \vdots \\ w_n \end{Bmatrix}，其中 w_i=\frac{\sum_{j=1}^{n} a_{ij}^*}{n}$$

3）插入诱导矩阵

$$C^*=\begin{bmatrix} c_{11}^* & c_{12}^* & \cdots & c_{1n}^* \\ c_{21}^* & c_{22}^* & \cdots & c_{2n}^* \\ \vdots & \vdots & \vdots & \vdots \\ c_{n1}^* & c_{n2}^* & \cdots & c_{nn}^* \end{bmatrix}，其中 c_{ij}=\frac{a_{ij}^*}{w_j}$$

4）设C^*中元素最大值为C_{kl}^*，则需要将原始判断矩阵A中的相应元素a_{kl}变为$a_{kl}'=a_{kl}-1$，同时将原始判断矩阵A中的元素$a_{lk}'=1/a_{lk}$。

5）通过完成上述改进步骤，对判断矩阵进行一致性检验，如通过，则不必进行调整，如仍未通过一致性检验，需要按照上述方法继续计算，直至达到要求。

（3）项目指标权重的确定。聘请专家10人，按表6-21中的准则，对该项目二级指标的权重进行打分。为简化后评价工作工作量，在满足评价质量的前提下提高工作效率，对三级指标采用简单加权平均法。简单加权平均法是指聘请10位专家对各项二级指标下的三级指标进行0分（极端不重要）~10分（极端重要）打分，打分完成后将各项得分加总后除以总分数即为所求的权重。三级指标权重专家打分表见表6-21。

表6-21 三级指标权重专家打分

一级指标	权重（%）	二级指标	评价指标	评分权重（%）
项目前期工作评价	12	项目立项合规性	有正式的设计方案（文件）	3
		项目决策科学性	方案设计经过评审、批准	3
		项目可行性研究报告深度	有切实、完整的可行性研究报告，满足深度规定	3
		项目可行性研究评审合理性	可行性研究报告经过评审、批准；立项决策科学、合理	3
项目实施准备工作评价	8	初步设计内容深度	设计文件深度满足生产改造要求	2.5
		招标执行情况	采购程序符合公司采购管理规定	2.5
		施工组织设计合理性	施工组织设计内容全面、合理、科学	3
项目实施过程评价	35	项目合同执行情况	合同签订及时规范	2
			合同条款履行良好	2
		项目进度控制	项目按计划完成	5
		项目变更和签证管理	变更和签证手续完备	2
			设计变更金额比例较低	2
		项目投资控制	资金使用符合规定，及时形成固定资产；预算合理，费用不超支	5
		项目质量管理	全部项目质量优良	5
		项目安全控制	安全措施充分	2
			未发生人身事故	2
			未发生火灾或系统、设备事故	2
		退役设备拆除保护措施评价	设备拆除保护措施完整有效	3
		退役设备再利用方案评价	退役设备再利用方案科学合理	3
项目竣工验收阶段评价	15	验收组织及缺陷处理	全面实现立项目标	4
		结、决算，转资及时性	结、决算编制合理，流程符合要求	4
			资金支付及时	4
		档案管理情况	归档工作在规定时间内完成，归档资料齐全，手续完备	3
项目运营绩效评价	20	安全指标	指标偏差程度	8
		效能指标	效能指标偏差程度	8
		效益指标	按照资产全生命周期成本方法对项目实施效益进行评价	4
其他方面评价	10	项目社会效益评价	取得良好的社会效益	5
		项目环境效益评价	各项环境保护指标达标，环境效益良好	5

（4）项目综合成功度评价。10位专家根据项目成功度评价说明和打分依据对待评价三级指标进行独立打分，得分情况见表6-22。

表6-22 综和成功度评价

一级指标	权重（%）	二级指标	评价指标	评分权重（%）	分值	等级
项目前期工作评价	12	项目立项合规性	有正式的设计方案（文件）	3	1.5	B
		项目决策科学性	方案设计经过评审、批准	3	3	A
		项目可行性研究报告深度	有切实、完整的可行性研究报告，满足深度规定	3	2.5	A
		项目可行性研究评审合理性	可行性研究报告经过评审、批准；立项决策科学、合理	3	3	A
项目实施准备工作评价	8	初设内容深度	设计文件深度满足生产改造要求	2.5	1	B
		招标执行情况	采购程序符合公司采购管理规定	2.5	2.5	A
		施工组织设计合理性	施工组织设计内容全面、合理、科学	3	3	A
项目实施过程评价	35	项目合同执行情况	合同签订及时规范	2	2	A
			合同条款履行良好	2	2	A
		项目进度控制	项目按计划完成	5	5	A
		项目变更和签证管理	变更和签证手续完备	2	2	A
			设计变更金额比例较低	2	2	A
		项目投资控制	资金使用符合规定，及时形成固定资产；预算合理，费用不超支	5	5	A
		项目质量管理	全部项目质量优良	5	5	A
		项目安全控制	安全措施充分	2	2	A
			未发生人身事故	2	2	
			未发生火灾或系统、设备事故	2	2	
		退役设备拆除保护措施评价	设备拆除保护措施完整有效	3	2	B
		退役设备再利用方案评价	退役设备再利用方案科学合理	3	1	C
项目竣工验收阶段评价	15	验收组织及缺陷处理	全面实现立项目标	4	4	A
		结、决算，转资及时性	结、决算编制合理，流程符合要求	4	3	A
			资金支付及时	4	4	
		档案管理情况	归档工作在规定时间内完成，归档资料齐全，手续完备	3	3	A
项目运营绩效评价	20	安全指标	指标偏差程度	8	8	A
		效能指标	效能指标偏差程度	8	8	A
		效益指标	按照资产全生命周期成本方法对项目实施效益进行评价	4	4	A
其他方面评价	10	项目社会效益评价	取得良好的社会效益	5	5	A
		项目环境效益评价	各项环境保护指标达标，环境效益良好	5	5	A
			总评	100	92.5	A

综上所述，××主变压器更换工程评价总得分为92.5分，评价等级为A级，成功。

二、项目后评价结论

1. 完成"质量—工期—成本"三大目标

××变电站主变压器（1号）更换工程按计划竣工投产，满足建设工期限额要求。实现了工程造价控制、质量控制和工期进度目标。同时，编制了科学合理的过渡方案，保证了智能化改造项目顺利实施，体现了为人民服务的宗旨。

2. 安全措施合理有效，建设过程安全"零事故"

××变电站主变压器（1号）更换工程施工单位坚持"安全第一、预防为主、综合治理"的工作方针，建立健全安全管理体系和监督体系，全面落实各级人员安全生产责任制。强化工程现场安全管理，工程建设期间未发生人身和设备安全事故，未引起其他设备故障停运，做到了安全零事故，实现了既定的工程安全管理目标。

3. 项目严格执行"四制"，保证项目建设顺利实施

该项目严格执行项目法人制、招投标制、监理制和合同制"四制"原则，明确法人代表，组建内设机构，建立健全各项建设管理制度；公开招标，做到招标工作公开、公平、公正，程序规范；实行工程监理制，对项目进行全过程全方位监督管理；落实合同管理制，签订了《施工合同》《监理合同》等，保证项目建设顺利实施，各项指标圆满完成。

4. 工程运行情况良好，经济效能显著

××变电站主变压器（1号）更换工程技术合理、安全可靠，改造投运后至今，严格执行变电站运行规程的要求，运行情况良好，无跳闸、停运现象；工程消除了原变压器抗短路能力不足的安全隐患，极大地降低了故障发生的概率，消除电网安全风险，提高变电站安全运行水平及供电可靠性；减轻了检修人员的劳动强度，节省了检修费用，又能保证电网的安全稳定运行，为市区居民和工业提供用电保障，具有明显的经济效益。

5. 工程具有良好的社会效益和环境效益

工程推动周边相关区域的经济发展，存在着很大的社会效益和节能潜力，对当前提出的建立节约型社会、建立节约型企业有很重要的意义；同时减少二氧化碳、二氧化硫等有害气体的排放量，减少大气污染，极大地推动了工业建筑的节能步伐，使城市面貌得到改观，为城市环境的改善带来了更多的环境效益。

6. 工程目标全部实现，并具有良好的可持续性

经过各参建单位的共同努力，××变电站主变压器（1号）更换工程的各项目标全部实现，工程质量优良，运行安全。良好的外部环境和较为健全的内部管理体系对项目的可持续性具有重要意义，该项目可持续性良好。工程建设施工过程中所取得的经验对今后进一步提升各参建单位的项目管理水平具有重要意义。

三、项目经验与不足

1. 项目主要经验

××工程项目建设管理过程中取得的成功经验，为日后技术改造项目的立项和实施管理提供指导，对今后类似工程起到很好的借鉴作用：

（1）安全措施完善，实现工程"零事故"。××工程实施过程中，各级领导高度重视该项目的安全管理工作。××公司、监理单位及施工单位等各参建单位，均建立和完善了安全保证体系和监督体系。参建各方严格执行了《中华人民共和国安全生产法》和企业的安全生产规范及技术规范，工程安全管理措施完善，安全管理得到了有力的落实，工程未出现任何安全事故，有力地保证了工程的顺利进行。

（2）积极拓宽参建单位沟通渠道，无重大变更出现。××供电公司、施工单位、监理单位等参建单位建立了良好的沟通机制，有力地提升了沟通的效率和效果。在项目施工期间无影响工程建设的重大设计变更情况出现，整个项目建设基本按照工程准备阶段完成的初步设计方案等文件有序进行，为后期同类项目的开展提供了宝贵的经验。

2. 项目主要不足

该工程建设过程中积累了不少经验，但是也有不足之处，反映了一些问题。从技术方案的角度，初步设计文件只包含设计图纸，略显单薄，在初步设计阶段应该编制更加有深度的设计方案说明书，支持项目的后期建设。在项目建设管理方面，监理方的作用未能充分发挥，监理资料不充分，难以支持该项目后评价工作。

四、项目措施和建议

1. 对项目和项目执行机构的建议

该项目从前期规划、施工建设到竣工投运过程，在各参建单位的努力下，完成了建

设目标，消除了变压器的安全隐患，提高了设备的可靠性，减少了停电时间，提高了变电站的安全运行水平。在项目建设过程中，监理、监管工作仍有待加强，因此，提出以下建议对后续项目的开展提供借鉴。

（1）对项目的建议。

1）做好市场调研工作。对于此类技术改造项目，设备购置费用在总费用中占比最大，因此市场预测工作应围绕项目的主要设备进行，通过广泛、细致地进行市场调查，结合客观、科学的分析，讨论项目拟采购的设备是否满足项目的经济性、运行能力等要求。

2）强化项目的全过程管理。加强计划执行过程中的分析，强化相关单位之间及时沟通协调，促进项目执行进度，确保计划执行到位。进一步通过典型调查和联查的方法，延伸综合计划管理的深度，以此发挥综合计划的统领、协调、指导作用，从而提高项目管理水平。

（2）对项目执行机构的建议。

1）对设计单位的建议。建议在项目设计管理工作中，应加大设计管理工作的力度，努力提高设计质量，提高项目设计水平，通过充分的技术方案论证、比选，选择最优设计方案，为项目经济性、合理性提供有效的保障。该项目可行性研究报告中工程概况介绍比较简单，建议加强初步设计深度，完善施工图纸，并按照资产全生命周期管理要求，通过安全、效能和全生命周期成本分析等进行实施改造比较决策优化评价与方案论证。在工程勘测过程中，应综合考虑各种因素，对现场进行详细地分析，进而满足设计深度的要求。

2）对建设单位的建议。

a. 重视项目的前期管理工作。由于此类工程规模相对较小，投资数额不大，因此可能导致部分项目管理人员对前期管理工作的重视程度不够。为提高前期工作的管理水平，建设单位在工程前期对具有依存关系的工程进度进行整体规划，对实际执行情况进行监督检查。统筹协调各参建单位规划进度与外部影响因素的关系，发现延迟及时纠偏，发现问题及时总结，提高工程建设实施效率，保障工程进度控制目标的实现。

b. 完善工程档案管理工作。工程档案管理是体现工程管理水平的重要环节，进一步完善档案管理工作规范和工作流程，做到工程资料的完整、准确、及时归档。同时，加强档案的电子化管理，提高调档效率，规范档案备份。一方面在建设过程中收集电子版材料；另一方面纸质版档案资料转化为电子版存档管理，将项目后评价有关文件及后评价报告及时归档。

3）对监理单位的建议。监理工作到位是项目建设取得成功的重要因素。在项目开工准备阶段，编制监理规划方案；在项目建设过程中认真做好相关记录，针对施工期间存在的安全隐患和不文明施工现象，监理及时发出整改通知单，要求限期整改并跟踪整改情况。同时，针对建设规模小、技术方案简单的技术改造项目，达到改造后预期的经济效益和社会效益是十分重要的。

2. 宏观决策建议

（1）加强规划项目研究深度，提高项目投资方向性与准确性。随着电网建设的发展，生产技术改造工作不断完善规范，提高了电网安全、经济、优质运行水平，如何提高技术改造项目投资的准确性对提高电网投资收益具有举足轻重的作用。因此要积极对接政府主管部门，紧密跟踪地区经济社会发展的形势，准确掌握地区规划调整的最新情况，以保障电网、设备和人身安全为核心，强化全生命周期管理；在实施资产评价的基础上，按照统一管理、分级负责的原则有序开展，统筹考虑，不断优化调整项目投资规模、建设时序、资金计划等；避免由于建设规模的调整等客观因素，造成后续设计变更，时序不匹配、投资偏差情况，同时也能确保项目的建设进度。

（2）加强对项目审批、可行性研究评审和竣工验收等各阶段相关制度的执行率。企业在项目实施的各个阶段，包括前期决策、项目准备、项目实施、竣工验收及运营等制定了较完备的管理制度，但在实际项目的实施过程中，往往会存在未批先建、未按时完成验收等情况，导致存在后续经营风险。建议加强对项目审批的管理，重视工程总结，在后续工程建设中规范执行国家对于项目核准的相关规定，深入贯彻项目前期、施工建设和竣工验收等各阶段的相关制度。

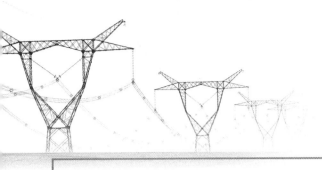

第七章

电网生产技术改造项目群后评价实用案例

为了更好地使电力工程后评价专业人士开展电网技术改造工程后评价工作,本章选取具体的电网生产技术改造项目群开展案例分析。对照后评价常用方法和电网技术改造工程后评价内容,选取适用于电网生产技术改造项目群评价的主要内容,按照抓核心、抓重点的原则,围绕项目概况、项目实施全过程评价、项目效果和效益评价、项目结论与分析四大部分,深入浅出地介绍各章具体评价内容和评价指标,形成第四类电网生产技术改造工程(即某一区域某年度所有生产技术改造项目)后评价报告基本模板,以供读者共飨。

第一节　项目概况

一、项目情况简述

1. ××地区简介

20××年,××市实现地区生产总值(GDP)××亿元,按可比价格计算,比上年(下同)增长××%。其中,第一产业增加值××亿元,增长××%;第二产业增加值××亿元,增长××%;第三产业增加值××亿元,增长××%。人均生产总值达××万元,位居中国城市第××位。

2. ××电网基本情况

20××年,××电网拥有110kV及以上变电站××座,变电容量××万kVA;110kV及以上架空线路××条,××km,电缆线路××条,××km;10kV馈线××条,线缆长度××km;10kV配电变压器××台,开关柜××台。20××年实现供电量××亿kWh,电网最高负荷达××万kW。××电网主要设备存在的问题如下:

(1)部分设备运行年限过高,老化严重,影响设备安全稳定运行。

（2）部分运行线路技术参数低于现行标准，影响输电线路运行安全。

（3）××地区电网保信子站接入规模不能满足要求。

（4）网络结构复杂，不利于网络发展。

（5）调度数据网未实现全覆盖，网络可靠性不强。

3. ××电网20××年度生产技术改造项目基本情况

生产技术改造是以提高输电、变电和配电设备安全生产水平为基础，以提高资产全生命周期综合效益为中心，以提高设备运维能力、推广应用节能新技术、新设备、环境保护为重点，以国家产业政策和公司有关规定为依据，有重点、有步骤地进行的项目。

××电网20××年初列入计划的新建生产技术改造项目共计197项，包括输电线路改造、变电一次设备改造、继电保护装置改造、通信改造、自动化系统改造、综合改造、其他改造和工器具购置八种项目类型；分属于××、××、……运行管理单位。通过生产技术改造项目的实施，可保证电网的安全稳定运行，提高线路的可持续利用率，消除设备老旧带来的风险，增加设备供电可靠性。

20××年××电网生产技术改造项目情况见表7-1。

表7-1　20××年××单位生产技术改造项目情况

部门	项目数	计划完成项目数	实际完成项目数	计划完成率（%）
部门1	97	97	97	100.00
部门2	47	47	47	100.00
部门3	28	28	28	100.00
部门4	…	…	…	…
部门5	…	…	…	…
部门6	…	…	…	…
合计	…	…	…	…

二、项目投资情况简述

××电网20××年生产技术改造投资项目共实施197项，计划总投资14363万元。截至20××年底，共计完成决算148项，项目计划投资12191万元，完成投资10320万元，投资计划完成率为84.66%；尚有49项未完成决算。××电网20××年生产技术改造项目投资完成情况见表7-2。

表7-2　××电网20××年生产技术改造投资完成情况　　单位：万元

部门	项目计划总投资	完成决算项目计划投资	项目决算金额	投资计划完成率（%）
部门1	3524.1	2880.5	2123.82	73.73
部门2	2359	3006	2260.74	75.21
部门3	3093.29	3093.29	3082.4	99.65
部门4	…	…	…	…
部门5	…	…	…	…
部门6	…	…	…	…
合计	…	…	…	…

表7-2数据显示，在完成决算的项目中，项目投资按计划完成情况整体良好，部门3达到99.65%，可见部门3前期投资计划科学合理，项目实施过程中投资管理成效显著。部门1、部门2投资计划完成率相对偏低，其中部门1投资计划完成率为73.73%，主要是"××变电站稳控执行站改造"等项目前期计划投资准确度较低，且部分统一采购设备价格调整造成的；部门2投资计划完成率为75.21%，主要是"××变电站稳控执行改造"项目立项时未能确定前期方案，导致项目实施过程中投资发生大幅度调整，最终决算金额比计划金额偏差大。

为深入分析20××年××电网生产技术改造项目主要投资侧重点，根据项目类型对其进行分类分析，××电网20××年生产技术改造资金按专业投入比例见表7-3。

表7-3　××电网20××年生产技术改造资金按专业投入比例　　单位：万元

项目类别	项目数量	项目计划总投资	完成决算项目计划投资	项目完成投资	占总投资比例（%）
变电一次设备改造	67	5065	52	3194.55	30.95
自动化系统改造	7	821	7	784.89	7.61
……	…	…	…	…	…
……	…	…	…	…	…
……	…	…	…	…	…
……	…	…	…	…	…
……	…	…	…	…	…
……	…	…	…	…	…
合计	…	…	…	…	…

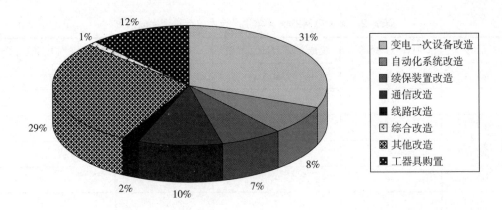

图7-1　××电网20××生产技术改造资金计划投入比例

由表7-3和图7-1可知，20××年××电网生产技术改造主要投入在变电一次设备改造和综合改造方面，分别占计划总投资的31%和29%，用于更新老旧设备，消除设备隐患。其次，在工器具购置和通信改造方面分别投入了12%和10%，用于完善试验研究设备，提高通信、自动化技术水平。可见，20××年××电网生产技术改造项目根据××电网主要设备存在的问题进行了大量有针对性的投资，着力解决运行设备老化、通信规模受限等影响电力系统发展及安全稳定运行的问题，有效地保证电网安全，提高系统稳定运行水平。

第二节　项目前期工作评价

一、项目前期组织评价

1. 项目立项必要性评价

20××年××电网主要设备存在以下主要问题：

（1）部分设备运行年限过高，老化严重，影响设备安全稳定运行。

1）部分主变压器运行年限过高，设备老旧。

a. 部分主变压器箱壳位置、高压套管TA座位置、储油柜位置等存有较多渗漏点，需要限负荷运行。

b. 部分主变压器绝缘吸收比等重点试验项目不合格，存在绕组变形等严重缺陷，其中部分为家族性严重缺陷。

c. 部分主变压器容量不足，不满足电网负荷发展的要求，存在严重的"卡脖子"

现象。

2）少数GIS设备运行年限超过30年，老化严重。

3）部分断路器运行年限超过20年，老化严重，存在零部件锈蚀、液压系统及本体缺陷多、储能不到位等缺陷；部分断路器存在家族性严重缺陷。

4）部分隔离开关运行年限超过15年，老化严重，存在零部件锈蚀、经常出现操作卡阻、发热、分合闸不到位或电动操作控制电源失灵等现象。

（2）部分运行线路技术参数低于现行标准，影响输电线路运行安全。

1）部分线路存在交叉跨越和对地安全距离不足或裕度偏小的问题。

2）部分线路由于投产年限较长，设备老化，存在较多的安全隐患。

3）部分输电线路导、地线出现多处严重断股、锈（腐）蚀、散股、表面严重氧化现象，影响输电线路运行安全。

4）部分输电线路出线局部或全部导线截面面积不能满足输送容量要求。

（3）××地区电网保信子站接入规模不能满足要求。

（4）网络结构复杂，不利于网络发展。

1）传输网中同一平面传输网络采用不同厂家设备，导致电路调度复杂，建设成本、维护成本增加。

2）接入层网络结构复杂，不利于网络发展。

3）部分接入环节点数及集成设备过多导致网络安全性下降。

（5）调度数据网未实现全覆盖，网络可靠性不强。

1）调度数据网还未覆盖110kV变电站。

2）接入层、汇聚层均采用单主控板配置，未实现关键板卡的冗余配置，网络可靠性不强。

20××年××电网生产技术改造项目围绕以上主要问题，结合当前输、变、配电设备的最新发展技术和电网运行的具体情况，综合考虑电网安全稳定运行需求进行优选评分后立项，确保生产技术改造建设的必要性。20××年××电网共确立变电类项目59项，线路通信类项目20项，综合其他类项目69项，力求最大程度解决××电网面临的问题。

2. 立项程序合规性评价

该次评估的20××年××电网生产技术改造项目前期均按照××企业生产技术改造项目管理的有关要求，由各项目实施单位编制技术改造年度计划清单上报××部；××部组织对申报项目进行审查，对申报项目的必要性、可行性，技术方案的合理性，费用估算的准确性及预期效益情况进行详细审核后，对技术改造项目进行调整修改，按优选评分进行轻重缓急排序后择优上报电网企业审批，审批通过后，根据××企业下达的《关于下达20××年固定资产投资计划的通知》文件指导，制定20××年××电网生产技术改造投资计划。该次评估项目审批材料完整，其立项程序符合规定。

二、项目规划评价

1. 规划编制水平评价

规划是电网建设的第一步，对电网工程项目的计划立项、建设实施及运行具有指导作用。××电网编制《××电网"十二五"技术改造规划》（以下简称生产技术改造"十二五"规划），在分析20××年××电网现状的基础上，总结××电网存在的主要问题，明确"十二五"期间生产技术改造项目的主要目的，科学合理地安排逐年改造计划，同期编制投资估算，促进电网发展，提高供电可靠性。

××电网生产技术改造"十二五"规划在20××~20××年间实施生产技术改造项目1003项，涉及变电一次、电网二次、通信和输电四项主要专业，其中变电一次共165项，占16.44%；电网二次272项，占27.10%；通信433项，占43.22%；输电133，占13.23%，具体情况见表7-4和图7-2。

表7-4 ××电网生产技术改造"十二五"规划情况

专业	存在的问题	生产技术改造目的	项目数量	规划投资					
				2011	2012	2013	2014	2015	合计
变电一次	（1）部分主变压器存在运行年限过高，设备老旧，重点试验项目不合格，绕组变形等严重缺陷；部分主变压器容量不足，技术落后，散热性能差，绝缘老化等问题。（2）部分10kV电容器组存在老化严重、运行年限过高不满足无功平衡需要等问题。（3）……	电气一次设备为变电站的主设备，发生事故影响面积大，抢修时间长，必须保证设备的高可靠性……	165	9864	12742	16839	7208	3366	50019
电网二次	（1）保信子站接入规模不能满足要求。各变电站的保护设备之间都存在比较大的差异，信息很难统一，各保信子站所能提供的基础信息也不全面。（2）保信分站系统应用水平较低、综合分析应用缺乏、扩展新功能比较吃力，还未实现与中调主站系统的联网。（3）……	为承担更多的社会责任，为经济社会可持续发展提供电力保障，推动全社会节能减排……	272	7673	11202	11057	3280	5016	38228

续表

专业	存在的问题	生产技术改造目的	项目数量	规划投资					
				2011	2012	2013	2014	2015	合计
通信	（1）光缆部分分段落对纤芯资源占用过高，存在单光缆路由的情况。（2）传输网电路调度复杂，建设成本、维护成本增加，接入层网络结构复杂，不利于网络发展。部分接入环节点数及集成设备过多导致网络安全性下降。（3）……	"十二五"期间技术改造的目的以满足智能电网和企业信息化对通信的需求为基础，提高通信网络安全可靠性为目标……	433	2995	19538	14227	8856	6259	51875
输电	（1）由于运行的线路所处的环境、自然条件及跨越物等发生变化，使得部分运行线路技术参数低于现行标准；部分线路由于投产年限较长，存在较多的安全隐患；部分水泥杆和拉线塔线路位于盗窃事故多发地区，存在较大的安全隐患。（2）部分输电线路塔基由于自然条件变化，容易受到洪水、山体滑坡、泥石流等极端自然灾害的影响和人为取土、采矿的塌陷区，影响输电线路运行安全。（3）……	采用新技术、新材料提高线路的输送容量，实现线路的防鸟害和电缆的防蚁害，特殊区段的在线监测技术应用……	133	24036	14833	14076	11350	12670	76965
总计			1003	57036	82759	44568	58315	56199	30694

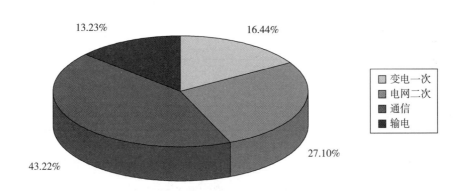

13.23%　16.44%　27.10%　43.22%

变电一次
电网二次
通信
输电

图7-2　××电网生产技术改造"十二五"规划项目分布情况

　　××电网生产技术改造"十二五"规划严格按照《××电网技术改造规划指导原则》等有关规定编制，格式规范，针对××电网输变电设备的运行情况、主要薄弱环节和主要技术经济指标差距编制技术改造规划，基本做到合理安排生产技术改造项目有序进行；但规划覆盖面较窄，缺乏对专业发展方向、新设备、新技术、新材料的应用和核心技术转化实践的综合考虑，对技术革新的引导作用不足。

2. 规划项目响应度评价

规划项目通过计划立项、项目实施来具体实现项目目标。规划项目响应度是反映生产技术改造实际实施项目对应于生产技术改造规划的项目数量及项目金额的响应程度。

根据生产技术改造项目自身的特点及《××电网"十二五"技术改造规划原则》的相关规定，生产技术改造项目规划对变电一次、电网二次、通信和输电四个主要专业项目进行规划，试验仪器、工器具购置和非生产性项目，消防、防盗等辅助设施改造项目都不纳入技术改造规划；另外，由于生产技术改造项目自身的特点，当年实施的落实反事故措施和紧急抢修的项目也无法计入技术改造规划。

20××年××电网应纳入规划的生产技术改造项目共115项，项目总投资18353万元；其中来源于《××电网"十二五"技术改造规划》的共69项，项目总投资15002万元。20××年××电网生产技术改造项目规划响应度见表7-5。

表7-5　20××年××生产技术改造项目规划响应度

运行管理单位	基础数据		规划响应度（%）
	实际实施来源于规划的项目数/实际实施项目数（项）	实际实施来源于规划的项目总投资/实际实施项目总投资（万元）	
部门1	55/62	10218/12768	84.37
部门2	35/47	10062/11733	80.11
部门3	3/5	365/788	53.16
部门4	…	…	…
部门5	…	…	…
部门6	…	…	…
合计	…	…	80.21

表7-5中数据显示，20××年××电网生产技术改造规划项目响应度为80.21%，由于生产技术改造项目受设备运行状况、改造需求及突发故障等问题影响，导致每年新增的抢修类项目无法及时列入规划；另外，20××年××电网为实现相应职能转变要求，新增的部分项目也导致××电网实际实施项目与20××年××电网生产技术改造"十二五"规划项目存在差异。

××电网生产技术改造"十二五"规划有效性较弱，引领性有限，在客观上导致了生产技术改造项目规划响应度并不理想的情况，为了更好地实现规划功能，指导生产技术改造项目有序实施，必须进一步加强项目规划水平，加强规划投资精度，完善规划范围，增强新设备、技术、材料应用引导，按照满足社会经济发展需要、适度预留电网发展空间的要求进行规划设计，科学合理地完成项目决策，推动生产技术改造项目阶梯统筹发展，逐步完成技术改造目标，推动电网系统稳步协调发展。

三、项目可行性研究评价

根据相关管理办法，该次评价选取了不同类型的10个生产技术改造项目，对其可行性研究报告格式、内容深度，项目建设的必要性、可行性论证程度及投资估算准确度进行抽查评估。

本节为更好地评价可行性研究报告估算的准确度，将投资估算准确度按估算投资金额与决算金额差异率分为优、良、一般三等，其中决算金额低于估算金额0%～15%为优，15%～30%为良，30%以上及高于估算金额为一般。抽查项目具体情况见表7-6。

表7-6　20××年××生产技术改造项目可行性研究报告质量评价

序号	项目名称	项目类型	格式规范性	内容深度是否满足要求	建设必要性论证	可行性论证	投资估算差异率（%）	投资估算准确度
1	500kV××变电站500kV侧电容式电压互感器（CTV）更换	变电一次设备改造	规范	是	500kV××变电站500kV侧CTV设备老化严重，超过设计寿命使用年限，存在严重缺陷，且同厂家产品在其他间隔发生故障。项目建设必要性论证评价：充分	项目实施后可有效提高电网的安全稳定性，降低设备的缺陷率，减少线路被迫停运次数。项目可行性论证评价：充分	4.22	优
2	110kV××变电站更换1号主变压器	变电一次设备改造	规范	是	110kV××变电站1号主变电站设备老旧，高损耗，绕组变形；长期重载运行，存在严重卡脖子问题，对电网的安全稳定运行带来了风险。项目建设必要性论证评价：充分	更换为63MVA主变压器，可解决卡脖子问题，同时可消除线圈变形给电网安全带来的隐患，提高设备健康、运行水平，提高供电可靠性。项目可行性论证评价：充分	2.68	优
3	…	…	…	…	…	…	…	…
4	…	…	…	…	…	…	…	…

表7-6中数据显示，该次抽查项目在可行性研究报告格式的规范性、内容深度，建设的必要性和可行性论证方面均满足可行性研究规定的要求。可行性研究报告充分阐述改造的范围、内容、原因，为项目建设提供依据。抽查项目可行性研究报告投资估算准确度较好，10个项目中投资估算准确度评价为优的有6个，评价为良的有2个，评价

为一般的有2个，最小偏差率为2.49%，最大偏差率为32.65%，平均投资估算差异率为13.95%，投资估算准确度总体评价为优。

20××年××电网生产技术改造个别项目投资估算准确度不理想，其原因是多方面的，一方面是生产技术改造项目本身的特点导致项目实施过程中会发生工程量的调整，且设备采购环节由物资部门统一完成，部分设备采购价与计划价格存在差异；另一方面是由部分项目自身的特点决定，导致投资估算差异较大，如500kV ××控制站稳控系统改造项目，该项目为厂家技术服务，通过单一来源谈判确定费用，虽其投资估算差异较大，但有效地降低了费用支出，达到了良好的管理效果；第三方面是20××年生产技术改造项目可行性研究管理相对较弱，在可行性研究造价方面缺乏专业人员进行审核，导致部分可行性研究估算准确率偏低。

第三节　项目实施管理评价

一、项目实施准备工作评价

1. 勘察设计单位评价

对20××年××电网生产技术改造项目进行抽样调查，抽样工程所涉及的勘察设计单位共4家，具体情况见表7-7。

表7-7　20××年××生产技术改造项目勘察设计单位

序号	设计单位	设计资质
1	××省电力设计研究院	国家工程设计综合甲级资质
2	××市电力工程设计院有限公司	电力行业送变电甲级资质
3	××电力设计有限公司	电力行业送变电乙级资质
4	××供电电缆设计有限公司	送电工程设计乙级资质

各勘察设计单位在项目设计过程中履责情况良好。在项目立项阶段，勘察设计单位根据××电网生产技术改造项目具体情况，收集相关的基础数据，确定技术改造项目实施方案与建设规模。深化项目设计阶段深度，勘察设计单位根据初步设计的审查意见，结合国家和行业最新规章制度、技术原则、技术规范等要求提供符合深度要求的施工技术交底工作，对工程具体实施过程中应注意的关键环节进行了详细的阐述。

对20××年××电网生产技术改造项目进行抽查研究，有5.56%的项目发生了设计变更，所抽查项目设计方案、设计材料选型、设计深度要求基本符合××电网勘察设计文件的相关要求。各设计单位设计文件交付及时，基本能够满足工程里程碑进度要求，不存在因施工图纸交付不及时而影响施工进度的情况。

2. 招标采购评价

20××年，××电网生产技术改造项目所涉及的物资、设计、施工、监理等主要采用的采购招投标方式有询价采购、零星采购、公开招标和单一来源采购等，各采购招投标方式在生产技术改造项目中所占比例如图7-3所示。

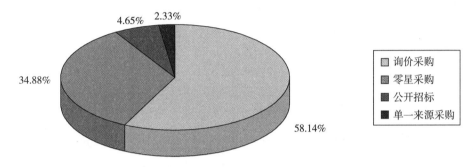

图7-3　生产技术改造项目采购招投标方式占比图

询价采购是20××年××电网生产技术改造项目所采用的主要采购招投标方式之一，其占比达到了58.14%。20××年××电网生产技术改造项目所涉及的询价采购活动均符合"主体合格、程序规范、有效竞争和客观评审"的原则。对参与询价的采购单位进行综合评审，按询价采购评审的"对质量和服务满足且最低报价的供应商为该项目的成交供应商"的原则，得出询价采购的评审结果。

零星采购在20××年××电网生产技术改造项目采购招投标方式中的占比达到了34.88%。20××年××电网生产技术改造项目所涉及的零星采购活动均符合"主体合格、程序规范、有效竞争和客观评审"的原则，有效地提高了采购效率，降低了采购成本。

公开招标是常见的招标方式之一，20××年××电网生产技术改造项目中进行公开招标的项目占比为4.65%。其所涉及的招标采购活动均符合"公开、公平、公正和诚实信用"的原则，遵守各项保密制度，坚持"招标、评标、定标三分离"的原则，招标项目的招标、开标、评标和定标程序规范，科学合理。

单一来源采购在20××年××电网生产技术改造项目采购招投标方式中的占比为2.33%。例如，"电力系统计算分析软件升级"项目，由于电力调度控制中心进行电力系统计算分析的应用软件为中国电力科学院开发的PSD电力系统分析软件，现运作、调度管理范围扩大，需对原电力系统计算分析软件进行功能扩充，属特殊情况，不宜进行招标，因此采用单一来源采购方式。

从总体来看，20××年××电网生产技术改造项目采购招投标工作符合《中华人民共和国招标投标法》《企业招标采购管理规定》《企业非招标询价采购方式管理办法》及《企业非物资采购管理办法》等采购招投标相关管理规定。采购招投标范围、组织形式等各项活动均满足220××年××电网生产技术改造项目要求，能够有效地降低工程造价成本，各类材料设备满足生产技术改造项目物资标准要求，有利于确定出实力较强的设计、施工、监理单位。

二、项目实施过程评价

1. 进度管控评价

20××年××电网生产技术改造项目实际实施项目数量为206项，按期完成项目数量为176项，分别按生产技术改造项目所属单位与项目类型进行统计按期完成率，具体内容见表7-8。

表7-8　20××年××电网生产技术改造项目按期完成情况统计

所属单位	实际实施项目数量（项）	按期完成项目数（项）	实际实施项目总投资（万元）	按期完成项目总投资（万元）	项目按期完成率（%）
部门1	97	81	13524.1	13055.1	90.02
部门2	47	47	12350	12350	100
部门3	28	25	3093.2	2319.2	82.13
部门4	…	…	…	…	…
部门5	…	…	…	…	…
部门6	…	…	…	…	…
合计	…	…	…	…	…

项目按期完成率指标主要反映项目进度控制情况，该指标主要考察评价对象的进度执行和控制能力。20××年××电网生产技术改造项目平均按期完成率为89.77%。

表7-8显示，从所属单位的角度来看，部门2技术改造项目按期完成情况较好，项目按期完成率为100%；部门5技术改造项目按期完成率相对较低。

20××年××电网生产技术改造项目进度控制过程中暴露的问题主要有：

（1）部分项目物资批复较慢、到货时间晚，影响项目施工进度。如部分二次类项目物资需要进行单一来源采购，采购效率低、采购周期长，耽误了"黄金"的施工时间。

（2）由于20××年××电网因人身事故停产整顿时间较长，导致项目在停工整顿期间无法施工，影响项目进度，造成年底项目开展较多，施工单位人手不足等情况，给现场施工带来一定风险。

为解决项目实施过程中遇到的进度控制问题，综合各运行单位工作经验，提出以下几点建议：

（1）由于生产技术改造项目涉及设计、监理、物资、施工等各方面，牵涉不同的责任部门，在任何环节上滞后都会影响整个项目的实施进度，因此，建议在全过程管理的基础上加强对各责任部门的进度考核。

（2）着重加强与物资部门的沟通协调工作，定期组织物资协调会，对时间节点较紧张的项目进行专项的跟办和催办，确保项目实施计划性。

2. 项目变更情况评价

20××年××电网生产技术改造项目投资计划总数为216项(含10项取消项目)，其中变更项目数量为134项，变更类型涵盖新增、取消、调增、调减四类。

图7-4所示为20××年××电网生产技术改造项目变更类型占比图，共涉及两大类变更——计划变更与项目变更，计划变更主要涉及新增、取消类项目，项目变更主要涉及调增、调减类项目。计划变更类型项目占到变更总数的48.62%，项目变更类项目占到变更总数的51.38%。计划变更中占比较高的为新增类项目，占变更总数的40.37%；项目变更中占比较高的为调减类项目，占变更总数的39.45%。

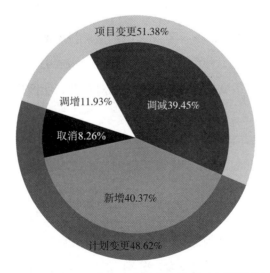

图7-4　20××年××电网生产技术改造项目变更类型占比图

对20××年××电网生产技术改造项目按各所属单位统计项目变更率，20××年××电网生产技术改造投资计划项目平均变更率为41.61%。其中，部门2、部门3及部门6项目变更率偏高，分别为51.97%、44.76%和65.54%；部门5项目变更控制情况较好，项目变更率为9.27%。

总体来看，导致20××年××电网生产技术改造项目变更率过大的原因主要有：

（1）由于技术改造项目通常资金总量固定，建设单位为增加项目实施数量，主动调整投资金额。

（2）由于物资价格由统一采购决定，是不可控的，部分设备采购时需要预付或中标后需根据中标价格调整，影响技术改造项目设备购置费用。

（3）技术改造项目与基建项目管理内容不同，但管理要求相同，技术改造工作在财务等方面缺乏基建类"消耗项目"等政策的便利支持。

3. 投资控制评价

（1）年度投资计划完成情况。20××年××电网生产技术改造新建项目竣工决算金额为10320.47万元，同口径统计批复概算金额为12191.04万元，平均年度投资计划完成率为84.66%。

从所属单位的角度来看，20××年××电网生产技术改造项目各所属单位年度投资计划完成情况不尽相同，部门1、部门2与部门6生产技术改造项目年度投资计划完成率相对较低，分别为68.02%、76.09%和78.64%；部门3和部门4由于年度规划合理，工程建设实施到位，生产技术改造项目年度投资计划完成率较好，分别为99.74%和93.42%。

从项目类型的角度来看，20××年××电网生产技术改造项目中综合改造类型项目年度投资计划完成情况较好，年度投资计划完成率为106.97%。变电一次设备改造、继电保护装置改造类型项目年度投资计划完成率相对较低，年度投资计划完成率为71.51%和69.90%。

（2）投资控制情况。

1）总体投资控制情况。20××年××电网生产技术改造新建项目工程竣工决算金额比批复概算金额减少了1870.5万元，平均投资变化率为15.77%。

从所属单位的角度来看，各单位20××年生产技术改造项目工程总决算均控制在工程总概算范围内，20××年部门3生产技术改造项目决算工程总投资与工程总概算基本持平，部门2与部门6投资变化幅度较大，分别为23.91%和21.36%。

从项目类型的角度来看，除综合改造类型的项目外，其他各类型生产技术改造项目工程总决算控制在工程总概算范围内。变电一次设备改造和继电保护装置改造两类生产技术改造项目投资变化率偏高，分别为28.49%和30.10%。

总体来看，20××年××电网生产技术改造项目工程款支付基本可以控制在施工合同范围内，能够按工程进度支付工程款，造价水平可以得到控制，但同时也暴露出了部分类型技术改造项目投资变化率偏大的问题。如"220kV ××变电站稳控执行站改造"项目，属于继电保护装置改造类型项目，由于该项目调度方案未及时确定，项目完成时间由20××年调整为20××年，直接影响项目决算，因此该项目的总投资变化率也相对较高。

2）单个工程投资控制情况。从单项工程投资控制情况分析，20××年××电网生产技术改造项目投资变化率分别按生产技术改造项目的所属单位与项目类型进行统计，具体情况见表7-9和表7-10所示。

表7-9 20××年××电网生产技术改造项目投资变化率分布统计(按所属单位统计)

所属单位	变化幅度 统计量	10%以上	0%~10%	−15%~−0%	−30%~−15%	−45%~−30%	−45% 以下	合计
部门1	项目数	2	4	9	25	9	14	63
	占比	3.17%	6.35%	14.29%	39.68%	14.29%	22.22%	—
部门2	项目数	1	3	7	8	5	3	27
	占比	3.70%	11.11%	25.93%	29.63%	18.52%	11.11%	—
部门3	项目数	0	1	30	7	1	0	39
	占比	0%	2.56%	76.92%	17.95%	2.56%	0%	—
部门4	项目数	…	…	…	…	…	…	…
	占比	…	…	…	…	…	…	…
部门5	项目数	…	…	…	…	…	…	…
	占比	…	…	…	…	…	…	…
部门6	项目数	…	…	…	…	…	…	…
	占比	…	…	…	…	…	…	…

表7-10 20××年××电网生产技术改造项目投资变化率分布统计(按项目类型统计)

所属单位	变化幅度 统计量	10% 以上	0%~10%	−15%~−0%	−30%~−15%	−45%~−30%	−45% 以下	合计
变电一次 设备改造	项目数	3	3	7	15	8	11	47
	占比	8.11%	8.11%	18.92%	40.54%	21.62%	29.73%	—
自动化 系统改造	项目数	0	1	3	3	0	0	7
	占比	0%	14.29%	42.86%	42.86%	0%	0%	—

续表

所属单位	变化幅度统计量	10%以上	0% ~ 10%	−15% ~ −0%	−30% ~ −15%	−45% ~ −30%	−45%以下	合计
继保装置改造	项目数	2	0	1	3	1	3	10
	占比	20.00%	0%	10.00%	30.00%	10.00%	30.00%	—
…	项目数	…	…	…	…	…	…	…
	占比	…	…	…	…	…	…	…
…	项目数	…	…	…	…	…	…	…
	占比	…	…	…	…	…	…	…
…	项目数	…	…	…	…	…	…	…
	占比	…	…	…	…	…	…	…
…	项目数	…	…	…	…	…	…	…
	占比	…	…	…	…	…	…	…
…	项目数	…	…	…	…	…	…	…
	占比	…	…	…	…	…	…	…

从所属单位的角度来看，20××年××电网生产技术改造项目，各投资工程投资变化率集中在−15% ~ 0%、−30% ~ −15%的项目最多，其中，部门3、部门5生产技术改造项目投资变化率在−15% ~ 0%的项目占比分别为76.92%和50.00%；部门6生产技术改造项目投资变化率在−30% ~ −15%的项目占比为60.00%。

从项目类型的角度来看，各生产技术改造项目投资变化率也主要集中在−15% ~ 0%与−30% ~ −15%区间，其中，自动化系统改造、线路改造和工器具购置类型的生产技术改造项目投资变化率在−15% ~ 0%的项目占比分别为42.86%、50.00%和63.41%；变电一次设备改造、自动化系统改造和通信改造类型的生产技术改造项目投资变化率在−30% ~ −15%的项目占比分别为40.54%、42.86%和56.25%，投资变化率过高对成本控制造成了一定的困难。

20××年××电网生产技术改造项目投资造价控制不够理想，决算较计划同口径对比计划投资变化率超出−15% ~ 0%的项目数达到了101项，占实际决算项目数的63.52%。为更直观地表示20××年××电网生产技术改造项目投资变化情况，按生产技术改造项目决算较计划同口径对比计划投资变化率是否超出−15% ~ 0%来衡量，得到技术改造项目投资变化率百分比堆积柱形图，如图7-5所示。

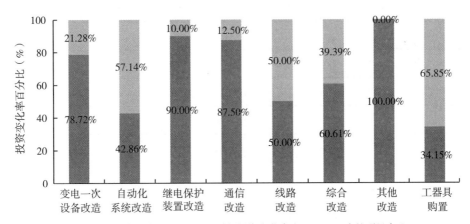

图7-5　生产技术改造项目投资变化率百分比堆积柱形图

从项目类型的角度来看，变电一次设备改造、继电保护装置改造、通信改造和其他改造类型项目的投资管控情况有待提高，这四类项目决算较计划同口径对比计划投资变化率超出−15% ~ 0%的项目占比分别达到了78.72%、90.00%、87.50%和100%。导致20××年××电网生产技术改造项目投资变化率过大的原因主要有：

（1）由技术改造项目自身性质所决定，部分技术改造项目调整方案无法及时确定，直接影响投资变化。

（2）由于编制人员不足，缺乏造价专业机构支撑，导致投资估算精度较低，造成实施过程中投资变化率偏大。

（3）由于材料价格波动和设备选型原因，引起的部分设备材料单价下降，以及部分工程竣工规模减少引起的附件实际使用量的减少，进而造成设备购置费的变化。

20××年××电网没有专业的造价机构支撑生产技术改造项目投资估算审核工作，且编制人员配置有限，经验不足，造成投资估算准确度较低，给生产技术改造投资管理带来了一定的影响。

4. 质量管理评价

对××电网六个单位分别选取样本工程研究20××年××电网生产技术改造项目质量管控情况，见表7-11。

表7-11 一次验收合格率基础数据统计

所属单位	竣工项目数（项）	对比竣工项目数一次验收合格的项目数（项）	一次验收合格率（%）
部门1	81	81	100
部门2	47	47	100
部门3	25	25	100
部门4	…	…	…
部门5	…	…	…
部门6	…	…	…
合计	…	…	…

注 表中统计数据为同口径统计样本内按期完成的项目样本。

一次验收合格率指标主要反映项目质量控制情况。该指标主要考察评价对象的质量管理和控制能力，单位工程一次验收合格率以竣工验收报告为准。经统计，20××年××电网生产技术改造项目单位工程一次验收合格率达到了100%，质量目标控制优良。

为规范××电网技术改造管理工作，确保工程质量，××电网积极执行《建设工程质量管理条例》及《技术改造管理办法》等相关质量规定。在20××年××电网生产技术改造项目中，各参建单位对所建工程实行质量控制措施。各项目监理单位在工程开工之前制定了较为完善的工程质量控制措施，在实施过程中，坚持用事实数据说话的思想，督促施工单位按照拟定的技术方案（措施）和规程规范、设计要求进行施工，对工程采取事前、事中、事后三阶段质量控制，使施工质量始终处于受控之中，实现了预定的质量目标。主要采取的质量控制措施具体如下：

（1）质量的事前控制。

1）确定质量标准，明确质量要求。确定生产技术改造项目的质量监理控制体系。审查总承包商及其选择的分包单位、试验单位的资质。督促总承包商建立并完善的质量保证体系。

2）检查施工现场建筑工程所用的原材料、构配件的质量，不合格的原材料与构配件不得在工程中使用。检查材料的采购、保管、领用等管理制度并监督执行。对材料检验与试件采样设专人进行见证取样。未经监理工程师的签字，主要材料、设备和构配件不准在工程上使用和安装，不准进入下一道工序的施工。

3）参与现场设备的开箱验收工作，检查其运输、保管措施。查验重要施工机械、起吊设施经检验的有效合格证件；检查承包商试验室及其试验人员的资质与持证上岗情况；查验其检验、测量与试验设备的有效合格证件。检查现场施工人员中特殊工种持证上岗情况，并监督实施。

4）参与组织施工组织总设计的核查，主持审查施工单位提交的施工组织设计或施工方案。重点审查施工技术方案、施工质量保证措施、安全文明施工措施。审查承包商须报甲方的重要工序的作业指导书。

（2）质量的事中控制。

1）现场检查、旁站、量测、试验，制定并实施重点部分的见证点（W点）、停工待检点（H点）、旁站点（S点）的工程质量监理计划，监理人员要按作业程序即时跟班到位进行监督检查。要配备一定数量的旁站监理人员以保证对工程按计划进行有效的旁站监督。

2）坚持上道工序不经检查验收不准进行下道工序的原则，停工待检点必须经监理工程师签字后才能进入下一道工序。定期召开质量分析会，通报质量状况，分析质量趋势，提出改进措施并监督实施。做好设计变更及技术核定的处理工作。核查设计变更并跟踪检查是否按已批准的变更文件进行施工。

3）分析质量事故的原因，确定事故责任；审核、批准处理工程质量事故的技术措施或方案；检查处理措施的效果。监理部可将承包商在工程中的不合格项分为处理、停工处理、紧急处理三种，并按提出、受理、处理、验收四个程序进行闭环管理，监理人员对不合格项必须跟踪检查并落实。审查总承包商编制的施工质量检验项目划分表并监督实施。

（3）质量的事后控制。参与工程分部试运行及整套试运行。组织单位、单项工程竣工预验收。组织对工程项目进行质量评定。审核工程技术文件资料。准备竣工验收资料与达标投产工作，审核总承包商的《质量保修证书》。检查、评定工程质量状况。对出现的质量缺陷，确定责任者。督促总承包商修复质量缺陷。在缺陷责任期结束后，移交相关资料。

5. 安全管控评价

20××年××电网生产技术改造项目安全控制效果显著，施工安全事故为0。总结20××年××电网生产技术改造项目安全控制目标实现率，××电网整年均未发生安全事故，生产技术改造项目建设安全始终处于受控状态。20××年××电网生产技术改造项目安全控制指标基础数据见表7-12。

表7-12 20××年××电网生产技术改造项目安全控制指标基础数据

所属单位	企业书面重大安全隐患整改通报次数	地市书面重大安全隐患整改通报次数	区（县）书面重大安全隐患整改通报次数	发生较大及以上人身事故或造成电网、设备较大及以上事故次数
部门1	0	0	0	0
部门2	0	0	0	0
部门3	0	0	0	0
部门4	0	0	0	0
部门5	0	0	0	0
部门6	0	0	0	0
合计	0	0	0	0

20××年××电网生产技术改造项目在工程施工过程中按照《电力（业）安全工作规范》，针对项目内容认真制定风险控制措施，并监督执行，通过积极采取安全措施达到了显著的安全控制效果，20××年内未发生人员伤亡事故、设备损坏事故、用户非计划通电事故，各技术改造项目所属单位安全控制情况优良，安全控制目标得到充分实现。

20××年××电网生产技术改造项目安全管控的整体目标是杜绝重大人身伤亡事故，杜绝重大的质量设备事故和其他重大责任事故。采取的主要措施有：

（1）加强安全教育工作。按照企业要求，杜绝"违章、麻痹、不负责任"三大安全隐患，坚持以人为本，切实重视人的安全，加大教育培训力度，提高施工人员技术、技能、素质和责任心。

（2）制定安全文明施工管理制度。制定工程安全文明施工的各项管理制度，监督检查总承包商建立健全安全生产责任制和执行安全生产的有关规定和措施；监督检查总承包建立健全劳动生产教育培训制度；监督检查总承包商对其分包单位的安全文明施工管理与教育。

（3）抓好施工过程中的安全监督工作。施工时，巡视检查施工现场，及时发现安全隐患，监督承包商采取纠正与预防措施，遇到威胁安全的重大问题时，有权发出暂停施工的通知。合理设置安全围栏和悬挂警示标志，对起重、动火、高处作业等高危险性施工，要求施工单位做足安全措施，并做好安全监护工作。

（4）落实安全监督长效工作机制。定期组织全工程的安全大检查，并根据现场具体情况随时组织有针对性的检查活动；召开安全工作例会，通报安全文明施工状况，发布安全文明施工周报、月报；制定安全文明施工标准，督促各施工单位制定安全文明施工措施。执行安全文明施工的考评与奖罚。

第四节　项目效果和效益评价

一、项目效果评价

生产技术改造项目是对输变配电相关设备及其配套的附属设施、生产建筑、工器具、仪器仪表、生产车辆等进行更新、改造、完善而实施的项目。

通过对20××年××电网生产技术改造项目的分析发现，生产技术改造项目种类、目的多样。20××年××电网生产技术改造项目主要目标包括以下六个方面：

（1）提高设备健康水平。

（2）落实反事故技术措施，消除输、变电设备缺陷。

（3）提高电网调度、继电保护、通信、自动化等设施（系统）的技术水平。

（4）改善劳动条件及完善劳动保护措施。

（5）充实和完善监测和试验研究设备。

（6）加强设备在线监测能力。

由于生产技术改造项目的自身特点，在项目实施过程中，针对不同目标的项目投资水平差异较大。例如，主变压器更换、技术升级，输电线路技术改造，电力试验室建设等类型项目普遍单项投资较大，但单一年度同类项目数量通常相对较少；而继电保护、线路监测等类型项目通常投资较小，但单一年度内项目量较大。若单以某类项目投资水平或项目数量水平衡量生产技术改造在某类目标中的投入水平并不能全面反映该类目标的重要程度。因此，本节引入"目标投入度"概念，综合考虑项目投资水平和项目数量水平，从目标资金投入情况和目标精力投入情况两方面衡量生产技术改造项目对此类目标的重视程度，从而降低设备单价差异过大带来的不良影响，全面评价生产技术改造项目为实现相应目标的投入水平。

生产技术改造项目目标投入度计算公式为

$$目标投入度=\left(\frac{投入此项目标项目数}{项目总数}\times 0.5+\frac{投入此项目项目总投资}{项目总投资}\times 0.5\right)\times 100\%$$

$$（7-1）$$

由式（7-1）可知，目标投入度越高代表投资金额和项目数量都较高，即对实现此类目标重视程度较高；反之，若目标投入金额较高，但实施项目数量偏低，目标投入度就会随之降低，代表对此类目标虽投入大量财力但投入精力较少。以此综合衡量生产技术改造投入过程中对此类目标的重视程度。

采用项目目标投入度对20××年××电网生产技术改造项目进行项目实施效果评价，目标投入度与投资比例对比见图7-6。

××电网在实现"提高设备健康水平"和"提高电网调度、继电保护、通信、自动化等设施（系统）的技术水平"的目标投入最多，即"提高设备健康水平"投资占比为39.40%，目标投入度为34.10%；"提高电网调度、继电保护、通信、自动化等设施（系统）的技术水平"投资占比为37.22%，目标投入度为33.84%。其次实现"完善监测和试验研究设备"目标投入度为15%。

20××年××电网在"提高设备健康水平"和"提高电网调度、继电保护、通信、自动化等设施（系统）的技术水平"两类项目目标投入度基本相当，即20××年××电网对这两类项目的关注度基本相同，投入水平不相上下。

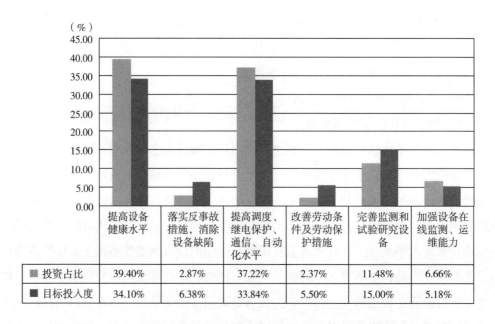

图7-6　20××年××电网生产技术改造项目投资比例及目标投入度对比

20××年××电网生产技术改造项目在改造老旧设备、消除输变电设备缺陷，完善试验研究设施，提高继电保护、调度、通信和自动化水平三方面投入最多，其项目目标投入度合计达33.84%。而在"改善劳动条件及劳动保护措施"方面投入最少。由此可见，20××年××电网生产技术改造项目主要功能为改善设备健康水平，增强试验研究能力，增强继电保护装置水平，提高自动化应用能力，用以确保电网安全稳定运行水平，提高投资效益。

1. 安全评价

（1）故障情况分析。电力设备正常运行是变电站和电力系统安全、稳定、优质、经济运行的保证。电力设备的故障会引起电力系统的事故，导致电力系统正常运行的中断，对电网安全运行造成严重威胁。

20××年××电网通过更换老化严重、超过寿命周期的设备，改造家族性或先天性缺陷设备，落实各项反事故措施要求，有效地解决了影响电网安全运行的重大隐患，提高了设备健康水平，降低了电力设备故障风险，保障了电网的安全稳定运行，见表7-13。

表7-13 ××电网主要设备故障率 单位：%

年份	主变压器	GIS	互感器	电抗器	断路器	开关柜
20××年	0.1634	0.5063	0.0248	0.1014	—	0.0087
20××年	0.1555	0.6283	0.0480	0.1336	—	0.0083
20××年	0.1445	0.1896	0.1167	0.0414	0.4843	—

表7-13中数据显示，除互感器、断路器的故障率有所上升外，其他电网主要设备的故障率比前一年都有所降低，其中开关柜未发生故障，GIS和电抗器比前一年故障率均下降约69%。

××年生产技术改造项目对于降低设备故障率起到了一定作用，但由于××电网内设备数量众多，安装年限不一，使用情况多样；而且随着电网的不断扩大，设备也在不断增多，存在设备突发故障等不确定因素，导致互感器、断路器等部分设备故障数量明显上升。

（2）缺陷消除情况分析。电力设备缺陷是指运行及备用设备存在有影响安全、经济运行或设备健康水平的一切异常现象，根据设备缺陷的性质和轻重程度可分为一般缺陷、紧急缺陷和重大缺陷三类。

1）一般缺陷。对近期安全运行影响不大，可列入年度或大、小修计划消除的缺陷。

2）紧急缺陷。指设备已不能继续运行，随时可能导致事故发生，必须立即处理的缺陷。

3）重大缺陷。比较重大的缺陷，短期内仍可继续运行，但应加强监视，需要积极组织力量在短期内消除。

20××年××电网共发现主网设备缺陷1693项，其中一般缺陷1637项，占全年主网总缺陷的96.69%，平均消缺率为77.18%，平均消缺及时率为95.93%；紧急缺陷27项，占全年主网总缺陷的1.59%，平均消缺率及平均消缺及时率均为100%；重大缺陷29项，占全年主网总缺陷的1.71%，平均消缺率及平均消缺及时率均为100%。统计20××年主网缺陷按设备分布情况，见表7-14和图7-7。

表7-14　缺陷按设备分布情况

设备	一般缺陷	紧急缺陷	重大缺陷	合计
架空线路	901	13	0	914
电缆线路	11	0	5	16
变压器	151	0	1	152
…	…	…	…	…
…	…	…	…	…
…	…	…	…	…
…	…	…	…	…
合计	…	…	…	…

存在缺陷最多的设备为架空线路和电气一般设备，主要原因是设备老化，超过设计使用年限，存在渗漏油、功能受限等安全隐患，威胁电网的安全稳定运行。

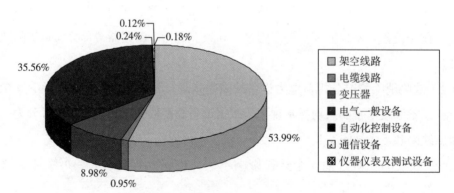

图7-7　缺陷按设备分布情况

20××年××电网共投入5192万元用于消除输、变电设备缺陷，提高设备健康水平，占总投资的41.14%，目标投入度为39.48%，着力解决主网设备老化、缺陷严重、输电线路技术标准偏低等问题。

对比××电网各主要设备缺陷情况，见表7-15。

表7-15　××电网主要设备缺陷情况

设备	20××年				20××年			
	一般	紧急	重大	合计	一般	紧急	重大	合计
架空线路	413	13	2	428	224	19	2	245
电缆线路	40	0	0	40	5	0	0	5
变压器	147	1	1	149	173	1	0	174
…	…	…	…	…	…	…	…	…

表7-15中数据显示，电气一般设备和架空线路设备缺陷情况较严重，架空线路缺陷情况有所缓解，但电气一般设备缺陷情况出现较大幅度的上升，一方面是由于电网规模扩大，主网设备大量增加，导致相应设备缺陷总量增加；另一方面是因为随着时间的推移，部分设备超过设计使用年限，造成缺陷增多；第三方面反映出主网技术改造投入仍有不足，需要进一步加强。

2. 项目效能评价

为实现对20××年××电网生产技术改造项目目标完成情况的深入评价，本次评价根据不同目标对20××年实施项目进行分类分析，并针对各类目标选取典型项目进行深入分析。

20××年××电网生产技术改造项目目标共包括提高设备健康水平、落实反事故技术措施，消除输、变电设备缺陷，提高电网调度、继电保护、通信、自动化等设施（系统）的技术水平，改善劳动条件及完善劳动保护措施，充实和完善监测及试验研究设备，加强设备在线监测、运维能力。以提高设备健康水平为例，开展项目效能分析如下：

（1）提高设备健康水平。20××年××电网生产技术改造项目为保障电网安全稳定运行，提高设备健康水平，主要对超过使用年限的老旧设备进行更换改造，增强设备稳定性，提高电网供电可靠性。提高设备健康水平更换设备情况见表7-16。

表7-16　提高设备健康水平更换设备情况

设备类型	投资占比（%）	目标投入度（%）
主变压器	40.77	27.53
断路器、隔离开关等	10.92	10.46
电容器、互感器等	45.22	49.75
站用变压器	1.10	4.83
蓄电池、交流屏等	1.99	7.43

由表7-16可知，提高设备健康水平投入最多的项目为更换电容器、互感器等设备的生产技术改造项目，占所有此类项目总投资的45.22%，目标投入度为49.75%；其次为更换主变压器的生产技术改造项目占所有此类项目总投资的40.77%，目标投入度为27.53%。各类项目投资比例与目标投入度对比如图7-9所示。

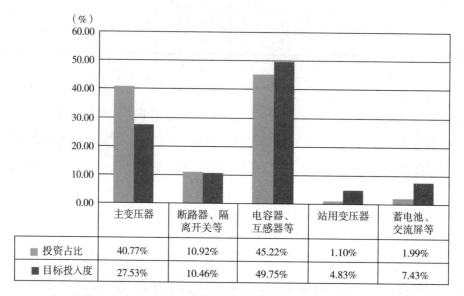

（%）	主变压器	断路器、隔离开关等	电容器、互感器等	站用变压器	蓄电池、交流屏等
投资占比	40.77%	10.92%	45.22%	1.10%	1.99%
目标投入度	27.53%	10.46%	49.75%	4.83%	7.43%

图7-8　提高设备健康水平项目投资比例及目标投入度对比

由图7-8可知，更换主变压器类项目的投资较高，但主要是由于主变压器设备单价较高，其实际投入项目数量较低，因此此类项目目标投入度远低于同等投资水平更换电容器、互感器等设备的项目的目标投入度，即20××年××电网虽在主变压器更换方面投入大量资金，但其主要精力投入方向集中在电容器、互感器类设备的更换方面。

20××年××电网生产技术改造项目为实现提高设备健康水平，保障电网安全稳定运行主要投入在主变压器和电容器、电抗器、互感器和防雷设备，断路器、刀闸、隔离开关、高压开关柜等设备的改造方面。

本节选取110kV ××站1号主变压器更换工程、110kV ××站2号主变压器更换工程、500kV ××变电站500kV侧CVT更换工程为典型工程进行具体分析。

1）110kV ××站2号主变压器更换工程。110kV ××站2号变压器为1987年××高压电器厂生产，截至20××年运行已达25年，设备老旧，损耗高，存在本体及附件多点渗漏油缺陷，经过多次停电检修，不符合经济运行要求。另外，110kV ××站已不满足地区负荷需要，长期满载运行，需进行增容改造。

20××年进行技术改造后，110kV ××站2号变压器扩容为63MWA，满足地区供电需求，同时解决了主变压器漏油、有载调压开关缺陷问题，减少了停电检修造成的不良影响，见表7–17。

表7–17　110kV××站主变压器更换项目目标实现情况

评价指标	项目实施前	项目实施后	是否达到预期目标
已运行年限	24年	1年	是
主变压器容量	40MW	63MW	是
主变压器运行情况	渗漏油严重	无渗漏油情况	是
有载调压开关运行情况	缺陷较多	缺陷消除	是

2）110kV××站1号主变压器更换工程。110kV××站1号变压器为1993年××变压器厂生产，截至20××年运行已达18年，设备老旧，处于限负荷运行状态，不能满足负荷要求。另外，1号变压器的重点试验项目不合格，试验发现主变压器本体油含乙炔3.0μL/L，局部放电超声波测试发现分接开关一侧有较强的超声波信号，无法准确判断内部放电位置及具体情况，存在家族性严重缺陷，导致停电次数增多，极大地影响了供电可靠性。

20××年经过技术改造后，扩充主变压器容量，满足供电需求；同时消除主变压器缺陷隐患，降低被迫停电次数，增强设备稳定性，提高了电网稳定运行水平，见表7–18。

表7–18　110kV××站主变压器更换项目目标实现情况

评价指标	项目实施前	项目实施后	是否达到预期目标
运行年限	18年	1	是
主变压器容量	40MW	63MW	是
设备缺陷率	2次/年	0次/年	是
电气试验情况	不合格	合格	是
年均停电次数	1	0	是

3）500kV××变压器电站500kV侧CVT更换工程。500kV××变电站500kV侧2号母线A相CVT、500kV×× I 线三相CVT、500kV×× II 线三相CVT、500kV×× III 线三相CVT、500kV×× IV 线三相CVT、500kV 2号变压器高三相CVT均为1992年××厂生产，运行时间长达20年，超过设计寿命使用年限，设备老化严重，存在漏油等现象，并已有同厂家产品在其他间隔发生过故障，导致二次TV失压。

20××年完成生产技术改造后，更换了超过设计使用寿命的设备，降低了设备缺陷率，消除了故障隐患，减少了被迫停运次数，提高了电网的安全稳定性，见表7-19。

表7-19　500kV××变电站500kV侧CVT更换项目目标实现情况

评价指标	项目实施前	项目实施后	是否达到预期目标
运行年限	20年	1年	是
设备缺陷率	同厂家产品在其他间隔发生过故障	0次/年	是

二、项目效益评价

1. 项目效益总体评价

20××年××电网通过生产技术改造项目不仅提高了设备技术水平，解决了影响电网安全稳定运行的重大隐患，并在20××年度完成节约电力61.15万kWh，实现节电收入37.16万元，不仅具有良好的经济效益，同时促进了资源节约型和环保型社会的建设。

2. 典型项目效益评价

（1）主变压器改造项目效益评价。生产技术改造项目通过对输变配电相关设备及其配套设施进行更新、改造、完善，提高设备技术提高设备健康水平，可有效节省因老旧落后设备维护而带来的修理费用。本节以主变压器生产技术改造项目为例，根据全生命周期成本控制思想，通过对比新旧设备费用年值，评价20××年××电网主变压器技术改造项目效益，即

技术改造投资节省=新设备费用年值-旧设备费用年值

新旧费用年值对比见表7-20。

表7-20　主变压器新旧设备费用年值

项目	数据	项目	数据
旧设备尚可使用年限（年）	5	新设备使用年限（年）	25
旧设备大修费用（万元）	79	新设备初始投资（万元）	363.65
旧设备第t年末发生的修理费用（万元）	16.3	新设备第t年发生的修理费用（万元）	0.28
旧设备报废时的残值（万元）	16.86	新设备报废时的残值（万元）	18.18
基准折现率（%）	7	基准折现率（%）	7
旧设备费用年值（万元/年）	32.64	新设备费用年值（万元/年）	31.19

表7-20中数据显示，主变压器若采用大修延长使用寿命，其费用年值为32.64万

元/年，若通过生产技术改造更换新设备，其费用年值为31.19万元/年，比大修方式节省1.44万元/年。因此，20××年××电网采用技术改造方式更换不符合安全运行条件的主变压器比通过大修方式延长其使用寿命更为经济，同时还可以更有效地改善主变压器运行状况，保障电网安全稳定运行。

（2）主变压器保护改造工程效益评价。本节选取220kV ××站2号主变压器保护更换项目开展全生命周期成本（LCC）研究。结合该项目特点，深入分析其主变压器保护大修和改造方案的成本构成，评价该项目实施成果及效益。

通过比较大修项目和技术改造项目年均LCC，选择年均LCC较低的方案，从而达到经济效益最优的目标。

优选模型年均LCC计算公式为

$$年均LCC=LCC/剩余使用年限$$

其中大修项目剩余使用年限=12−设备已投运年限

$$技术改造项目剩余使用年限=12年$$

LCC包含初始投资成本、运行成本、检修维护成本、故障损失成本和退役处置成本。

1）初始投资成本。初始投资成本为技术改造工程或大修工程开展的成本，针对技术改造工程，初始投资成本为

$$初始投资成本=设备的购置费+安装调试费+基础设施费+其他费用$$

220kV ××站2号主变压器保护更换项目初始投资成本为50万元，见表7-21。

表7-21　220kV ××站2号主变压器保护更换项目初始投资成本

项目	单价（万元）
设备购置费	21
安装调试费	18
设计费	4
其他费用	7
初始投资成本	50

2）运行成本。运行成本为设备运行期间运行人员进行巡视检查成本和日常维护成本，计算公式为

$$运行成本=设备能耗费+日常巡视检查费+环境保护费+其他费用$$

220kV ××站2号主变压器保护更换项目运行成本为2.7万元，见表7-22。

表7-22　220kV××站2号主变压器保护更换项目运行成本

项目	预算价（元）
人工费	1350.00
机械费	338.73
运行成本	27020.00

3）检修维护成本。检修维护成本为电网设备计划检修所发生的成本，计算公式为

检修成本=检修费+部件购置费+其他费用

220kV××站2号主变压器保护更换项目检修维护成本为40.09万元。

4）故障损失成本。故障损失成本为电网设备发生故障后的抢修成本及故障损失成本，220kV××站2号主变压器保护更换项目故障损失成本为5.18万元。

5）退役处置成本。退役处置成本为设备退役后的废旧物资的处置成本，包括设备退役时处置的人工、设备费用，以及运输费和设备退役处理时的环境保护费用，并减去设备退役时的残值。资产退役处理费按安装调试费的32%估算；资产残值按投资成本5%扣除。

220kV××站2号主变压器保护更换项目退役处置成本为10.47万元。

综合以上费用，220kV××站2号主变压器保护更换项目LCC年均值为3.25万元/年。若220kV××站2号主变压器保护采用大修方式延长使用寿命，其LCC年均值为3.55万元/年，见表7-23。

表7-23　220kV××站2号主变压器保护更换项目全生命周期成本

成本类别	大修方式（元）	技术改造方式（元）
初始投资	68454.22	65472.68
运行成本	13509.84	27019.68
检修维护成本	200458.56	400917.12
故障损失费用	25912.45	51824.90
退役处置成本	47100.00	104700.00
LCC年均值(元/年)	35543.51	32496.72

表7-23中数据显示，技术改造方式LCC年均值比大修方式低3046.79元/年，由此可见，220kV××站2号主变压器保护通过技术改造更换后，不仅可以改善保护程序无法升级、运行可靠性低、安全隐患多的问题，更可以节省检修费用，提高经济效益。

第五节　经验教训及建议

一、项目总体评价

20××年××电网生产技术改造项目从规划、立项、设计、招投标、工程建设到竣工投产整个过程的组织实施，符合法律法规和国家有关部门、企业关于电力基本建设项目管理制度规定的相关要求。项目前期决策目标实现情况良好，施工准备较为充分，全面落实各项反事故措施要求，解决影响电网安全运行的重大隐患，提高设备的健康水平，提升设备的技术水准，加强调度和运行部门的技术支持手段，全面完善××电网运行、监测、检验水平，提高供电可靠性，保证电网安全稳定运行。

综上所述，20××年××电网生产技术改造项目综合评价如下：

1. 生产技术改造规划报告编制质量不高，客观导致规划响应度偏低

××电网技术改造"十二五"规划虽然根据相关规定要求，针对××电网输变电设备的运行情况、主要薄弱环节和主要技术经济指标差距完成编制，但缺乏对专业发展方向、新设备、新技术、新材料的应用和核心技术的转化实践的综合考虑，有效性不强，客观导致部分生产技术改造规划项目在实际实施过程中无法完全按照规划进行，规划响应度为80.21%。另外，生产技术改造项目规划响应度偏低，还受到生产技术改造项目本身特殊性的影响。为提高生产技术改造项目规划水准，应进一步加强项目规划能力，按照满足社会经济发展需要、适度预留电网发展空间的要求进行规划设计，逐步完成技术改造目标，推动电网系统稳步协调发展。

2. 生产技术改造项目可行性研究报告符合规定，投资估算准确度评价为优

该次抽查的10个生产技术改造项目可行性研究报告在格式、内容上均符合20××年适用管理的规定，建设必要性和可行性论证充分；投资估算准确度较好，平均差异率为13.95%，投资估算准确度总体评价为优，但仍有个别项目投资估算准确度偏低。20××年，在管理和造价支撑方面进行了大量改进工作，大大提升了生产技术改造项目可行性研究管控水平。

3. 采购招投标情况优良

20××年××电网生产技术改造项目主要采用招标及非招标采购两大类方式。招标方式主要以公开招标的方式进行，非招标采购方式主要包括询价采购、零星采购和单一来源采购。所有招标活动均遵循公开、公平、公正和诚实信用的原则，遵守各项保密制度，坚持"招标、评标、定标三分离"的原则；所有非招标采购活动均遵循"主体合格、程序规范、有效竞争和客观评审"的原则。总体来看，各招标采购活动符合国家、企业相关规定，能够及时顺利地进行，未影响生产技术改造项目建设周期。

4. 进度控制情况良好

20××年××电网生产技术改造项目平均按期完成率为89.77%，项目按期完成情况良好。影响技术改造项目进度控制的主要原因有部分项目物资批复较慢、到货时间晚，人身事故停产整顿时间较长等。建议建设单位定期组织物资协调会，共同推进物资进度，将项目控制点前移，抓好工程的进度。

5. 项目变更管理情况有待改善

20××年××电网生产技术改造投资计划项目平均变更率为41.61%。其中，部门2、部门3及部门6项目变更率偏高，分别为51.97%、44.76%和65.54%；部门5项目变更控制情况较好，项目变更率为9.27%。导致20××年××电网生产技术改造项目变更率过大的原因主要有：技术改造项目通常资金总量固定，建设单位为增加项目实施数量，主动调整投资金额；由于物资价格由统一采购决定，是不可控的，部分设备采购时需要预付或中标后需根据中标价格调整；技术改造工作在财务等方面缺乏基建类"消耗项目"等政策的便利支持。

6. 质量控制情况优良

20××年××电网生产技术改造项目单位工程一次验收合格率达到了100%，质量目标控制良好。在执行《建设工程质量管理条例》及《技术改造管理办法》等相关质量规定的前提下，通过对施工方案和资源配置的计划、实施、检查和处置，充分利用质量的事前控制、事中控制和事后控制三个阶段有关的质量控制措施，实现了生产技术改造项目质量控制目标。

7. 安全控制情况优良

20××年××电网生产技术改造项目在建设单位、设计单位、施工单位、监理单位等参建单位的共同努力下，安全控制效果显著，20××年××电网生产技术改造项目全年均未发生安全事故，生产技术改造项目建设安全始终处于受控、可控状态。

8. 投资控制情况达标

20××年××电网生产技术改造项目平均年度投资计划完成率为84.23%，平均投资变化率为15.77%。20××年，后续生产技术改造项目开展专业造价审核，并通过生产技术改造项目管理制度修编，细化项目概预算管理要求，有效提升了生产技术改造项目投资控制水平。

9. 主要设备故障情况有所改善，提高电网稳定运行水平

20××年××电网生产技术改造项目对于降低设备故障率起到了一定的作用，但由于××电网内设备数量众多，安装年限不一，使用情况多样；而且随着电网的不断扩大，设备也在不断增多，存在设备突发故障等不确定因素，导致地区部分设备故障数量有所上升。

10. 生产技术改造项目经济效益显著，促进资源节约型社会建设

20××年××电网通过生产技术改造实现节电收入48.16万元。20××年××电网实施的主变压器技术改造项目及主变压器保护技术改造项目都比大修方式更为经济；同时还能更有效地保障主变压器安全稳定运行。20××年××电网生产技术改造取得了良好的经济效益，促进了资源节约型和环保型社会的建设。

二、主要经验

1. 完善生产技术改造项目管理办法，提高生产技术改造项目实施效率

××电网在生产技术改造项目的实施过程中，总结建设、管理经验教训，对生产技术改造项目管理办法进行全面修编，明确各部门职责，重新划分生产技术改造项目范围，确立项目实施目标，细化规划、可行性研究、立项、建设、验收一系列过程管理内容及要求，全面加强技术改造项目资产全生命周期管理，为未来生产技术改造项目建设提供了良好支撑。

2. 建立专业机构，加强项目管控力度

××电网为更好地实现项目管理、设计水平，20××年成立了规划研究院，组织专业力量全面管控项目设计、造价等过程，为生产技术改造项目投资估算、概算、结算提供专业支持，有效地提高生产技术改造项目前期管理水平。

3. 充实和完善试验研究设备，加强监督决策能力

××电网通过不断充实电力试验研究设备，构建电能质量试验室、电磁暂态仿真计算中心等电力测试、分析和监督平台，有效完善××电网从试验、监测、分析、评估到检定的电能质量技术监督体系，提高电力仿真分析能力，有助于更好地总结电能质量技术监督的经验，更准确地掌握电网电能质量状况，为降低电网事故提供理论支持和指导，提高供电可靠性和用户满意度。

4. 加强安全生产风险管理体系暨规范化建设

××电网推进安全生产风险管理体系暨规范化建设，突出安全风险管控，并同步强化各类安全生产工作；强化承包商管理，对承包商进行严格的准入与资质审查；加强现场安全管控工作，规范现场安全措施及安全监督工作。

三、对策建议

1. 统筹发展，做好生产技术改造项目统一规划

20××年××电网生产技术改造项目规划只有《××电网"十二五"技术改造规划》，同时由于编制人员力量配置不足，规划质量偏低，缺乏对专业发展方向、新设备、新技术、新材料的应用和核心技术的转化实践的综合考虑，有效性不强，无法满足年度项目实施要求，内容缺乏引导作用，导致生产技术改造项目规划响应度偏低，无法满足统一规范、统筹发展、有序推动生产技术改造项目实施的要求。

建议在今后的生产技术改造规划工作中，切实施行新版管理规定，细化规划内容，根据生产技术改造项目自身的特点，编制年度某一类型生产技术改造项目专项规划，加强对专业发展方向、新设备、新技术、新材料的应用和核心技术的转化实践的综合考虑。同时，考虑将电网规划纳入城市规划，结合市政道路建设同步实施，形成政府支持电网规划建设工作的长效机制，从而有利于电网系统稳步协调发展。

2. 加强生产技术改造项目报废、退役设备管理，提高退役资产再利用率

20××年××电网固定资产退役管理制度不足，对涉及资产拆除报废的项目评估分析及财务管理规定缺失，造成退役资产再利用实施难度较大。

建议在今后的工作中，完善更换、报废类生产技术改造项目退役设备管理制度，加强基础数据统计管理，完善退役资产登记信息系统，建立退役资产再利用平台；充分利用退役资产价值，切实实现节能减排目标。

3. 完善生产技术改造项目管理制度支撑，切实符合生产技术改造项目特点

生产技术改造项目具有项目种类多样、实施过程变化较大、突发情况较多等有别于基建类项目的特点，但其管理要求与基建类项目基本相同，并且缺乏基建类项目在财务等方面的便利支持，为实施年度生产技术改造需要，必须主动调整资金，增加项目实施数量，因此导致生产技术改造项目变更调整较多，实施过程中投资变化较频繁，增加投资控制难度。

建议考虑生产技术改造项目种类多、变化大、资金有限的实际特点，有针对性地建立切实符合生产技术改造项目特点的专项管理规定，为生产技术改造项目的计划、实施、投资提供科学合理的管理办法，加强生产技术改造项目资金分配的灵活性，有效地提高生产技术改造项目实施效率。

4. 加强物资采购管理，避免因物资延误引起项目变更

由于部分项目物资批复较慢、到货时间晚，影响项目施工进度，导致部分项目结算集中在年底，增加项目管控风险。

建议建设单位定期组织物资协调会，增强计划实施能力，加强对物资的运输、收货等环节有效的跟踪和监管，合理改善××电网生产技术改造项目变更率偏高的问题。

5. 加强设计概算文件审查，提高技术改造项目投资可控性

建议××电网在今后的生产技术改造项目中加强对设计概算文件严格审查，保证规划研究中心在设计、造价审查中的作用，严格审核概算的编制是否符合国家的有关方针、政策，实事求是、科学、合理、贴近实际，不随意扩大投资额或留有缺口，增强对生产技术改造项目的投资控制能力。

6. 增加生产技术改造项目管理人员力量，增强管理水平

生产技术改造项目分管单位相关管理人员严重不足，各单位仅有1~2名专责负责生产技术改造项目建设及协调工作，大量设备验收、维护无法开展，严重影响工作效率，造成项目可行性研究深度不足、预算精度较差等问题。

建议适当增加生产技术改造项目专业人员，完善管理组织架构，有效落实技术及管理要求，提高可行性研究及预算编制水平，增强生产技术改造项目管理能力。

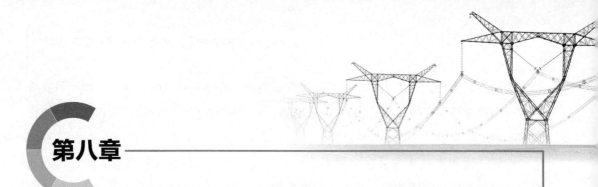

第八章

电网检修工程后评价实用案例

为了更好地使电力工程后评价专业人士开展电网检修工程后评价工作，本章选取具体的电网检修工程开展案例分析。对照后评价常用方法和电网检修工程后评价内容介绍，按照抓核心、抓重点原则，围绕项目概况、项目实施全过程评价、项目运营绩效评价、项目结论与分析四大部分，深入浅出地介绍具体评价内容和评价指标，形成电网检修工程后评价报告基本模板，以供读者共飨。

第一节　项目概况

一、项目情况简述

××公司110kV××变电站主变压器大修工程位于××市（县），根据××公司下达的投资计划，××供电公司于20××年××月××日批复该电网检修工程的立项。该项目1号主变压器2007年投入运行，运行年限达10年；2号主变压器于2004年投入运行，运行年限达15年。

××变电站2台主变压器投运至今尚未开展过大修工作，随着2台主变压器的运行，散热器、阀门、套管、箱体、操作机构等配件问题较多，抗短路电流能力不足，存在安全隐患。

××公司110kV××变电站主变压器大修工程由××公司作为项目管理单位提供资金，××公司负责可行性研究报告编制及施工图设计，××公司负责电气安装施工工作，××公司负责具体大修工作。

二、项目主要检修内容

对110kV××变电站中型号分别为SSZ9-40000/110和SSZ9-31500/110的2台主变压器

进行大修、安装调试工作，主要内容为：

（1）重新绕制变压器线圈。

（2）油箱及附件检修，包括套管、储油柜、压力释放阀、呼吸器的检修。

（3）检修阀门、箱体、散热器，检修有载分接开关滤油装置。

（4）冷却器的电气控制回路及元件的检修。

（5）更换变压器油。

（6）对主变压器进行全套试验。

三、项目检修成效

项目投运后，运行情况良好，未发生由主变压器配件故障导致的降载、负荷转移、停电等危及设备健康水平、电网安全、稳定运行的情况。通过该项目的实施，消除了主变压器线圈抗短路能力不足、密封圈老化、本体渗油等问题，提高了变压器健康水平，延长了变压器的寿命，降低设备在运行全生命周期内的运维成本。检修后的设备满足电力系统的安全要求，大幅度降低设备故障带来的直接和间接损失。减少停电时间，保障用户的可靠用电，带来良好的社会经济效益。

第二节 项目前期工作评价

一、项目前期组织评价

1. 项目立项必要性评价

110kV ××变电站1号主变压器型号为SSZ9-40000/110，2007年投运，生产厂家为××公司；2号主变压器型号为SSZ9-31500/110，2004年投运，生产厂家为××公司。截至2016年，2台主变压器投运已接近或超过10年。

主变压器散热器、阀门、套管多处渗油，箱体锈蚀严重，无法修复；主变压器油介损增长很快并接近注意值，主变压器产生微量乙炔；套管泄漏比距不满足2011版防污等级要求；阀门为早期产品，结构存在弊端；储油柜胶囊有破损现象，存在假油位；有载分接操作机构主轴有变形，机构内电气触头磨损严重，弹簧疲劳，总体运行工况不良。

由于运行年限久加之多次承受近区短路故障冲击，导致主变压器抗短路能力不足，已不能适应电网安全稳定运行的要求。

根据《××公司生产设备大修原则》和《××公司十八项电网重大反措事故措施（修订版）》等文件规定中"对遭受出口短路次数较多或短路电流较大的变压器，试验证明已发生绕组变形的，应进行大修""设备部件存在缺陷，影响设备运行的，可安排大修"等要求，需要对110kV ××变电站2台主变压器进行大修。

通过项目实施，能够有效地提高主变压器的健康水平，降低电网设备安全运行风险，从而降低运维成本，充分发挥效力，促进社会经济发展。综合分析，该工程立项依据充分合理。

2.项目决策流程规范程度

××公司110kV ××变电站主变压器大修工程于××月××日由××编制需求计划并上报××公司××部门开展需求评审，经评审专家讨论，同意纳入下年度大修项目储备。××月××日由××委托××开展可行性研究报告编制并于××月××日完成。××月××日××研究院对该工程可行性研究报告进行了评审，并于××月××日出具评审意见《××研究院关于××公司××年度运维检修项目可行性研究报告的评审意见》（文号）。××月××日××运维检修部下发《××公司关于××公司××等检修运维项目可行性研究报告的批复》（文号）。

综合分析，该项目前期各环节工作执行到位，执行主体和流程顺序符合公司规定要求。

二、可行性研究报告编制质量

××公司110kV ××变电站主变压器大修工程可行性研究报告由××公司设计编制完成。该工程含税可行性研究投资241.67万元，根据《××公司生产技术改造和设备大修项目可行性研究编制与评审管理规定》，生产设备大修限上项目、涉及原设计方案变化或土建工程（如隧道塌方修复、建构筑物开裂加固或倾斜纠偏等）且单项投资在100万元及以上的限下项目应编制可行性研究报告。该项目符合编制条件。

在××公司的配合下，可行性研究报告编制单位经过现场踏勘和调研收集资料，确定项目具体方案。可行性研究报告编制程序符合《××公司生产技术改造和设备大修项目可行性研究编制与评审管理规定》，可行性研究报告包括工程概述、项目必要性、项目技术方案、经济性与财务合规性、项目拟拆除设备、项目实施安排、设备状态鉴定表及主要配件材料工程量清单等内容。

综合分析，该项目可行性研究报告编制单位符合资质要求，报告内容结构完整，深度基本满足相关管理规定的要求，但项目必要性中效能与成本分析比较简单，全生命周期成本比较分析缺乏详实的数据支撑。

三、项目可行性研究报告审批

受××公司委托，××设计单位开展了《110kV××变电站主变压器大修工程可行性研究报告》的编制工作，该设计单位拥有输变电工程设计、咨询甲级资质，完全符合管理规定中关于设计单位资质的相关要求。项目可行性研究由××公司研究院进行评审，××公司运维检修部进行批复，评审意见及批复文件界定了项目的实施范围、主要技术方案、工程投资等主要内容，评审和批复单位完全符合《××生产技术改造和设备大修项目可行性研究编制与评审管理规定》中管理单位职责的相关规定。

第三节　项目实施管理评价

一、项目实施准备工作评价

1. 设计阶段评价

××供电公司110kV××变电站主变压器大修工程施工图设计由××公司承担，该单位具有甲级工程设计综合资质。企业自成立以来，主要开展电力工程勘察设计等相关经营业务。所有产品均已通过内部质量标准。设计单位资质满足设计工作需求。

依据国家、电力行业及××公司电网设计相关技术标准，设计单位经多次现场调研及与项目单位沟通，结合现场情况及运行要求，开展了变电一、二次的施工图的设计工作，该套图纸在可行性研究设计的基础上进一步深化，同时充分考虑施工要求。

综合分析，施工图设计单位资质满足管理要求，设计内容详实合理，符合现场施工要求，设计质量较高。

2. 招标采购评价

××公司110kV××变电站主变压器大修工程未涉及物资招标，其设计、施工、监理、服务招标工作均按照《中华人民共和国招标投标法》《××公司招标活动管理办法》等有关规定，由××招标代理机构负责，实行公开招标，见表8-1。

表8-1 招标情况统计

招标项	中标通知书日期	中标单位	中标单位资质	流、废标等特殊情况说明
设计	××年××月××日	××公司	……	无
施工	××年××月××日	××公司	……	……
监理	××年××月××日	××公司	……	……
服务	××年××月××日	××公司	……	……

该工程的设计、施工、监理、服务招标工作均在项目批复立项之后由具有招标资质的××公司进行。招标代理工作遵循"公开、公平、公正"的原则，通过对每个投标单位的层层筛选，最终确定资质合规、报价合理、经验丰富的中标单位，未出现流标、废标现象。

综合分析，整个招标工作流程和招标结果符合国家相关法律、法规及××公司的有关招标管理规定。

3. 开工准备评价

为保障检修工作的顺利开展，结合停电计划制定了检修计划，项目开工准备条件落实情况见表8-2。

表8-2 项目开工准备条件落实情况统计

序号	开工准备事项	落实情况	备注
1	调度停电计划	已落实	调度已制定停电计划
2	拟定检修计划	已落实	已结合停电计划制定了检修计划
3	主要配件和材料已经选定，运输条件已落实	已落实	主要配件和材料已选定，配件和材料运输条件已落实

由表8-2可知，该检修计划具体详实。同时与之呼应制定相应的施工方案，其中涉及停电作业部分与调度部门充分沟通，协商施工停电计划。

二、项目实施过程管理评价

1. 合同执行与管理评价

根据工程实际需求，××供电公司110kV ××变电站主变压器大修工程签订了设计、施工、监理、服务4份合同，见表8-3。

表8-3　合同签订情况一览表

序号	类别	合同名称	合同对象	签订时间	合同范本使用情况
1	设计	××工程勘察设计合同	××公司	××年××月××日	统一合同文本
2	施工	××工程检修施工合同	××公司	××年××月××日	统一合同文本
3	监理	××工程输变电工程监理合同	××公司	××年××月××日	统一合同文本
4	服务	××工程技术服务合同	××公司	××年××月××日	统一合同文本

由表8-3可知，设计、施工、监理、服务等合同均使用了统一合同文本，合同签订时间均在中标通知书发出30日内。

设计合同签订对象为××公司，该公司与中标通知书上的中标单位为同一单位，符合法律法规要求。合同签订后××公司积极履行合同条文承诺，在对现场进行充分调研的基础上，设计了主变压器一次部分、二次接线、土建部分的设计工作，并于施工前进行设计交底，施工中协助指导，施工后交付竣工图等工作，项目单位设计费也按照合同约定以分期付款方式按时支付完成。整个执行过程完整规范。

施工、监理、服务合同也可参照评价合同整体执行情况、双方各自履行义务的情况及对比合同中主要条款的执行情况并对执行差异部分进行原因责任的分析。

2. 进度管控评价

××公司110kV××变电站主变压器大修工程计划开工日期为××年××月××日，实际开工日期为××年××月××日，计划竣工日期为××年××月××日，实际竣工日期为××年××月××日。实际工期与计划工期相比，实际开工日期推迟1天，主要原因是受停电计划影响，但实际施工工期与计划相同，主要得益于施工组织的统筹安排，见表8-4。

表8-4　实施进度一览表

阶段	序号	事件名称	时间	依据文件
前期决策	1	可行性研究编制		可行性研究报告
	2	可行性研究批复		批复文件
开工准备	1	设计招标		招标文件
	2	施工招标		招标文件
	3	监理招标		招标文件
建设实施	1	工程开工		工程开工报告
竣工验收	1	工程验收		质量评定报告（验收报告）
结算阶段	1	工程结算审定		结算审核报告

综合分析，停电计划是影响施工进度的主要因素，在编制施工计划时应充分考虑，精准安排。

3. 成本控制评价

根据××运维检修部下发《××公司关于××供电公司××等检修运维项目可行性研究报告的批复》（文号），批复××供电公司110kV××变电站主变压器大修工程含税总投资为241.67万元。根据工程决算报告，该工程竣工决算含税投资241.52万元，共结余0.15万元，节余率为0.06%，见表8-5。

表8-5 投资对比一览表

费用名称	估算投资（万元）	决算投资（万元）	节余额（万元）	节余率（%）
建筑修缮费				
设备检修费	26.86	26.71	0.15	0.56
配件购置费				
其他费用	214.81	214.81	0	
工程总投资	241.67	241.52	0.15	0.06

由表8-5可知，仅设备检修费节余0.15万元，占比0.56%，主要由于工程量减少引起的。施工中未出现设计变更、现场签证和增加检修内容等导致费用增加的情况，工程总体费用控制较好。

4. 质量管理评价

××公司110kV××变电站主变压器大修工程严格执行国家、行业、公司有关工程建设质量管理的法律、法规和规章制度，贯彻实施工程设计技术原则，满足国家和行业施工验收规范的要求。

为保障工程质量，各单位统筹协调，明确岗位职责，项目管理单位加强对各配件质量检查工作；施工单位根据设计要求及施工现场的特点，编写切实可行的施工方案及作业指导书，对于工程的关键点、危险点编制风险管控方案；监理单位编制监理工作方案及旁站监理方案，形成监理《旁站监理记录表》××份，监理人员及时填写《质量监理巡视情况周报表》××份，形成监理报告××份。

项目从施工准备、正式施工至投产运行至今运行完好，未发生任何配件及工程质量问题，质量管理良好。

5. 安全控制评价

××供电公司110kV××变电站主变压器大修工程坚决贯彻执行国家、行业及公司的安全管理相关规定，认真履行施工单位的安全职责，做到事前预控周密、过程控制严格，以实现施工安全的可控、能控、在控。该工程按照"安全第一、预防为主、综合治理"的安全生产方针，本着"安全、文明、标准、规范"的安全施工理念组织施工，确保安全高效完成任务。

制定明确的安全目标：①认真贯彻安全文明生产的方针，在施工过程中把"安全第一，预防为主"的安全生产方针贯彻落实到生产过程的每个环节，确保全过程管理严格、计划周密、措施得力、行为规范，并做到组织落实、制度落实、思想落实；②不发生轻伤事故；③杜绝人身重伤以上事故；④消灭机具设备的违章操作，消灭习惯性违章，消灭违章指挥等违章管理及违章作业；⑤控制污染物的排放，节能降耗。

项目管理单位、施工单位与项目监理单位制定了完善的安全管理制度，建立健全了安全管理体系，明确了各管理部门和人员的安全管理职责，并在施工过程中有效落实。

工程全过程未发生人身伤亡事故、电网事故、设备事故、信息系统事故、环境污染事故，安全始终处于受控、可控、在控状态，实现了原定的安全管理控制目标。

第四节　项目验收和结算管理评价

一、项目验收工作评价

1. 验收组织评价

竣工验收作为质量控制的一个重要环节，对工程质量控制起到至关重要的作用，验收流程具体包括施工单位三级自检、监理单位预检、竣工验收。

施工单位作为工程的施工方，严格执行工程的三级质量制度，加强工序质量控制，确保工程质量。严格依据施工单位质量文件、工程技术管理规定及其他有关管理规定，对各级验收检查做到了认真检查记录，并列出"存在问题清单"，及时反馈到各施工班组，施工班组根据问题清单及时消缺，消缺完成后，立即反馈，申请下一级验收。施工单位在完成三级自检后，出具工程竣工验收申请表，报监理单位预验收。监理单位根据施工合同内容、施工图及电力行业相关技术规程和验收规范，对工程项目进行预验收。验收合格后，申请项目管理单位正式验收。项目管理单位接到项目竣工验收申请后，向项目施工、监理、设计等相关单位和部门发送验收通知，同时组织财务、运维检修、安全监察、信通、物资、调度等相关部门提前审查相关验收资料，做好验收准备，并组织编制验收指导卡。

××年××月××日，××公司运维检修部组建验收委员会，对工程进行了正式竣工验收。

综合分析，工程验收组织流程规范，符合《××公司生产技术改造和设备大修项目验收管理规定》的相关要求，通过多级验收，有效地消除了工程建设中遗留的问题，有力地保证了工程项目的建设质量。

2. 验收结果评价

根据国家工程验收相关规定，经过现场查看、查验竣工资料和会议讨论，形成竣工验收报告。具体工程验收情况见表8-6。

表8-6　工程验收结果一览表

序号	工程名称	单位工程验收评定结果	工程验收合格率（%）
1	1号主变压器设备安装、调试	合格	100
2	1号主变压器基础	合格	100
3	2号主变压器设备安装、调试	合格	100

综上所述，工程较好地完成了设计合同、施工合同及监理合同要求，现场验收符合相关标准要求，工程验收合格率为100%，工程质量评级为优良。

二、结算管理评价

××年××月××日，××公司运维检修部按照实施方案、实际工作量等组织完成了××供电公司110kV××变电站主变压器大修工程结算报告的编制，并委托××投资咨询有限公司开展结算审核工作。××年××月××日，××公司出具了工程结算审核咨询报告书，包括审核报告、工程造价审定单、工程结算审核书等，完成结算审核工作。经审核，项目审定投资比送审投资核减0.15万元。

综合分析，项目结算在项目竣工验收合格后30个工作日内完成，结算审价单位具有工程造价咨询企业甲级资质和电力行业工程造价咨询单位资格，结算审核报告依据充分合理，内容完善，各项结算数据完整，结论准确合理。但项目未开展设计、监理、服务在内的全口径结算，可以进一步优化提升。

三、档案管理评价

依据《科学技术档案案卷构成的一般要求》（GB/T 11822—2008）、《××生产技术改造大修项目档案管理规定》等文件，××公司110kV××变电站主变压器大修工程按照"一项目一档案"的要求，开展了档案归档工作，并于××年××月××日完成。归档材料包括项目前期管理、项目计划管理、项目实施管理、项目结算管理等全过程档案资料。归档材料包括纸质版和电子版两套，且均为原件或有效复印件，内容真实、有效、完整，字迹清晰，图标整洁，签字盖章手续完备。

综合分析，项目管理单位在项目竣工投运后3个月内应完成归档工作，归档材料完备、真实，档案管理工作较好。

第五节　项目运行效益评价

一、项目运营绩效评价

1. 安全评价

设备状态评价是当前测度电网设备健康与否的重要手段，可以直接有效地反映电网的安全水平，大修前后2台主变压器的状态评价分别见表8-7、表8-8。

表8-7　1号主变压器2014年、2015年状态评分

设备名称	评价时间	电压等级（kV）	本体得分	套管得分	分接开关得分	冷却系统得分	非电量保护得分	评价分数	评价结果
1号主变压器	2014/6/12	110	96	92	76	100	100	76	异常状态
	2015/6/8	110	100	100	100	100	100	100	正常状态

表8-8　2号主变压器2014年、2015年状态评分

设备名称	评价时间	电压等级（kV）	本体得分	套管得分	分接开关得分	冷却系统得分	非电量保护得分	评价分数	评价结果
2号主变压器	2014/6/12	110	98	90	76	100	100	76	异常状态
	2015/5/29	110	100	100	100	100	100	100	正常状态

由表8-7和表8-8可知，1、2号主变压器的本体、套管、分接开关状态评价分数得到明显提升，配件状态也从异常状态转为正常状态。

缺陷事故发生次数也是电网安全运行的重要指标，大修前一年，2台主变压器共发生在线滤油装置过滤器阀门处渗油、散热器阀门处有渗油、端子箱过电流发热、散热器温度过高4次一般性缺陷；大修投运后至评价期间任何缺陷事故均未发生。

综合分析，该大修工程有效提高了主变压器的健康水平，消除了缺陷事故的发生，为电网的安全运行提供了保障。

2. 效能评价

主变压器大修工程在技术效能方面与抗短路能力指标密切相关，大修前，1、2号主变压器的抗短路能力均为D级，通过重新绕制变压器绕组，高压绕组采用半硬铜导线，中低压绕组采用自粘性换位导线，大修后变压器抗短路能力均达到公司要求的A级标准，有效地提高了主变压器的效能指标。

主变压器大修后运行至今，提高了变压器抗短路能力，消除了变压器本身的安全隐患，提高了设备可靠性的同时，既增强了电网的装备水平，减轻了运维检修人员的劳动强度，节省了检修费用，又保证了电网的供电质量及电网的安全稳定运行，为市区居民和工业提供用电保障，适应我国建设资源节约型和环境友好型社会的理念，项目效能表现良好。

3. 效益评价

效益评价采用差异对比法并结合全生命周期成本（LCC）进行。差异对比法是指采用不同施工方案的对比，即对比LCC在主变压器大修下的实际值和主变压器技术改造下的预测值之间的差异。

1台主变压器的计算结果如下

$$LCC（大修方案）=19.11万元$$

$$LCC（技术改造方案）=26.38万元$$

两者相比，大修方案LCC更低，效益更好，但大修为成本投入，技术改造为资本投入，不同的投入方式需要投资者进一步权衡。

二、项目社会效益评价

该项目的社会效益从促进绿色发展和保障生产供电两方面得到有效体现。

（1）通过该大修工程，将主变压器铁芯按最新工艺要求叠装和绑扎，使变压器损耗由原来的S9降低至S11，有效地降低了主变压器的噪声和能耗水平，对于节能降耗，降低全社会单位生产成本，提高经济发展效率效益起到一定的促进作用，同时有效体现了"绿色"发展的理念。

（2）设备健康水平的提高和缺陷的消除，提高了供电可靠性。截至××年××月，110kV××变电站主变压器大修工程项目运转良好，工程持续供电，电压合格率为100%，供电可靠性为100%，未发生非计划停运，为区域电网稳定供电发挥了积极作用，保障了社会生产生活的正常进行，赢得了社会认可和用户的满意。

三、项目环境影响评价

110kV ××变电站主变压器大修工程在项目实施的过程中，施工人员严格按照施工方案及环境保护相关规定进行操作，建设相应的环境保护设施，文明施工，做到工完、料净、场地清，不涉及对施工现场及周边环境的影响问题，因此，项目施工过程对环境无影响。

工程投运后，内部电力损耗减少，电能利用效率提高，进而减少了运行过程中有害气体的排放量，减少了大气污染，为环境保护做出了应有的贡献，此类工程将极大地推动工业建筑的节能步伐，使城市面貌得到改观，为城市环境的改善带来更多的环境效益。

第六节　总结与分析

一、项目成功度评价

1. 项目宏观成功度评价

对110kV ××变电站主变压器大修工程建设、效益和运行情况进行分析研究，对该工程各项评价指标的相关重要性和等级进行了评判。

对110kV ××变电站主变压器大修工程，根据工程的实际，宏观上××和××指标比其他指标的重要性低一级，见表8-9。

表8-9　宏观成功度评价

序号	评定项目目标	项目相关重要性	评定等级
1	宏观目标和产业政策	次重要	A
2	决策及其程序	重要	A
3	布局与规模	重要	A
4	项目目标及市场	重要	A
5	设计与技术装备水平	重要	A
6	资源和建设条件	次重要	A
7	资金来源和融资	次重要	A

续表

序号	评定项目目标	项目相关重要性	评定等级
8	项目进度及其控制	重要	B
9	项目质量及其控制	重要	A
10	项目投资及其控制	重要	A
11	项目经营	次重要	A
12	机构和管理	次重要	A
13	项目财务效益	次重要	B
14	项目经济效益和影响	重要	C
15	社会和环境影响	重要	A
项目总评			A

注 1. 项目相关重要性分为重要、次重要、不重要。

2. 评定等级分为A—成功、B—基本成功、C—部分成功、D—不成功、E—失败。

该报告从宏观方面对项目建设过程、经济效益、项目社会和环境影响等几个方面对110kV ××变电站主变压器大修工程建设及投产运行情况进行了分析总结，对指标的相关重要性进行了评定，通过打分对项目的总体成功度进行评价，宏观综合成功度评价结果为A，说明工程建设评定等级为成功。

2. 项目综合成功度评价

在宏观成功度评价基础上采用综合成功度评价法，通过微观评判因素综合加权总评，对110kV ××变电站主变压器大修工程建设、效益、运行情况、社会环境效益进行分析研究，对该工程各项评价指标的相关重要性和等级进行评判，确定了指标的权重。通过对工程成功度评价定量指标基础数据的统计和定性指标的打分，得到最终的110kV ××变电站主变压器大修工程综合成功度。

（1）指标体系的建立。根据生产技术改造项目后评价的定性指标体系，该项目结合工程的实际情况，对指标体系进行了深化，构建了三级的定性评价体系，见图8-1。

（2）层次分析法（AHP）的指标权重确定。AHP的指标权重按本书第六章第六节项目综合成功度评价中（2）方法确定。

（3）项目指标权重的确定。聘请专家10人，按表8-10中的准则，对于该项目二级指标的权重进行打分。为简化后评价工作工作量，在满足评价质量的前提下提高工作效率，对于三级指标采用简单加权平均法。简单加权平均法是指聘请10位专家对于各项二级指标下的三级指标进行0分（极端不重要）～10分（极端重要）打分，打分完成后将各项的得分加总后除以总分数即为所求的权重。三级指标权重专家打分表如表8-10所示。

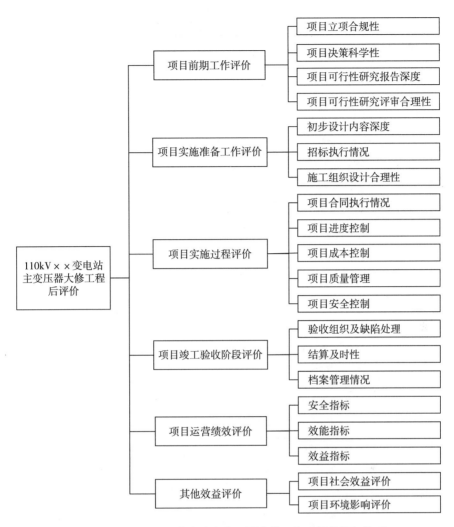

图8-1 110kV ××变电站主变压器大修工程后评价指标体系

表8-10 三级指标权重专家打分表

一级指标	权重（%）	二级指标	评价指标	评分权重（%）
项目前期工作评价	12	项目立项合规性	有正式的设计方案（文件）	3
		项目决策科学性	方案设计经过评审、批准	3
		项目可行性研究报告深度	有切实、完整的可行性报告，满足深度规定	3
		项目可行性研究评审合理性	可行性报告经过评审、批准；立项决策科学、合理	3
项目实施准备工作评价	8	初步设计内容深度	设计文件深度满足生产改造要求	2.5
		招标执行情况	采购程序符合公司采购管理规定	2.5
		施工组织设计合理性	施工组织设计内容全面，合理、科学	3

一级指标	权重（%）	二级指标	评价指标	评分权重（%）
项目实施过程评价	35	项目合同执行情况	合同签订及时规范	3
			合同条款履行良好	3
		项目进度控制	项目按计划完成	8
		项目成本控制	资金使用符合规定，及时形成固定资产；预算合理，费用不超支	8
		项目质量管理	全部项目质量优良	7
		项目安全控制	安全措施充分	2
			未发生人身事故	2
			未发生火灾或系统、设备事故	2
项目竣工验收阶段评价	15	验收组织及缺陷处理	全面实现立项目标	4
		结算及时性	结算编制合理，流程符合要求	4
			资金支付及时	4
		档案管理情况	归档工作在规定时间内完成，归档资料齐全，手续完备	3
项目运营绩效评价	20	安全指标	指标偏差程度	8
		效能指标	效能指标偏差程度	8
		效益指标	按照资产全生命周期成本方法对项目实施效益进行评价	4
其他方面评价	10	项目社会效益评价	取得良好的社会效益	5
		项目环境效益评价	各项环境保护指标达标，环境效益良好	5

（4）项目综合成功度评价。10位专家根据项目成功度评价说明和打分依据对待评价三级指标进行独立打分，得分情况见表8-11。

表8-11　综合成功度评价表

一级指标	权重（%）	二级指标	评价指标	评分权重（%）	分值	等级
项目前期工作评价	12	项目立项合规性	有正式的设计方案（文件）	3	3	A
		项目决策科学性	方案设计经过评审、批准	3	3	A
		项目可行性研究报告深度	有切实、完整的可行性报告，满足深度规定	3	3	A
		项目可行性研究评审合理性	可行性报告经过评审、批准；立项决策科学、合理	3	3	A
项目实施准备工作评价	8	初设内容深度	设计文件深度满足生产改造要求	2.5	2.5	A
		招标执行情况	采购程序符合公司采购管理规定	2.5	2.5	A
		施工组织设计合理性	施工组织设计内容全面，合理、科学	3	3	A

一级指标	权重（％）	二级指标	评价指标	评分权重（％）	分值	等级
项目实施过程评价	35	项目合同执行情况	合同签订及时规范	3	2	A
			合同条款履行良好	3	2	A
		项目进度控制	项目按计划完成	8	6	B
		项目成本控制	资金使用符合规定，及时形成固定资产；预算合理，费用不超支	8	8	A
		项目质量管理	全部项目质量优良	7	7	A
		项目安全控制	安全措施充分	2	2	
			未发生人身事故	2	2	A
			未发生火灾或系统、设备事故	2	2	
项目竣工验收阶段评价	15	验收组织及缺陷处理	全面实现立项目标	4	4	A
		结及时性	结算编制合理，流程符合要求	4	4	A
			资金支付及时	4	4	
		档案管理情况	归档工作在规定时间内完成，归档资料齐全，手续完备	3	3	A
项目运营绩效评价	20	安全指标	指标偏差程度	8	6	B
		效能指标	效能指标偏差程度	8	4	C
		效益指标	按照资产全寿命周期成本方法对项目实施效益进行评价	4	3	B
其他方面评价	10	项目社会效益评价	取得良好的社会效益	5	5	A
		项目环境效益评价	各项环保指标达标，环境效益良好	5	5	A
总评				100	89	A

综上所述，110kV ××变电站主变压器大修工程评价总得分为89分，评价等级为A级，成功。

二、项目后评价结论

（1）项目的前期工作严格遵循《生产技术改造和设备大修项目可行性研究报告编制与评审管理规定》，前期组织有序规范，可行性研究报告深度按初步设计深度要求执行，内容完整，技术方案合理，项目立项、可行性研究及评审组织工作有序可靠。但可行性研究报告编制深度有待进一步深化，数据支撑力度有待进一步加强。

（2）项目实施管理工作规范科学，设计单位资质满足管理要求，设计内容详实合理，符合现场施工要求，设计质量较高；整个招标工作流程和招标结果符合国家相关法律、法规及企业的有关招标管理规定；开工准备工作充分；实现"质量—工期—成本"三大预期目标，安全始终处于受控、可控、在控状态。但由于停电计划原因，导致项目开工日期推迟1天。

（3）项目验收与结算管理符合《生产技术改造和设备大修项目验收管理规定》的相关要求，工程验收组织流程规范，通过多级验收，有效地消除了工程建设中遗留的问题，有力地保证了工程项目的建设质量，工程验收合格率为100%，工程质量评级为优良。项目结算在规定日期内开展，结算审价单位资质符合要求，结算审核报告依据充分合理，内容完善，各项结算数据完整，结论准确合理。但项目未开展设计、监理、服务在内的全口径结算，可以进一步优化提升。

（4）项目运行效益多维度体现，总体良好，项目有效提高了主变压器的健康水平，消除了缺陷事故的发生，变压器抗短路能力均达到公司要求的A级标准，为电网的安全运行提供了保障，全生命周期成本表现较好，有效地促进绿色发展和保障生产供电，内部电力损耗减少，电能利用效率提高，带来较好的环境效益。但项目运行效益有待进一步挖掘，争取获得更大产出。

三、项目经验与不足

1. 主要经验

工程决策正确，准备工作充分，检修工作有序开展，达到预期目标。项目的成功离不开项目周期各个阶段工作的完美配合，项目前期立项决策科学，准备工作充分，施工工作有条不紊，最终取得良好成果。为今后其他同类型的工程项目开展有较好的指导意义。

规范工作流程，提升项目管理水平。项目单位按照企业发布的各项工作规定，规范各项工作流程，提升项目的管理水平。项目档案资料收集完整，为后续开展后评价工作及总结经验教训提供了关键资料。

2. 存在不足

项目前期工作有待规范。项目前期工作中可行性研究报告编制质量有一定的扣分，需加强相应工作的管理，避免类似问题的发生。

项目施工过程管理水平有待提高。项目施工过程中出现一次延时停电情况，说明项目施工过程管理水平有待提高，需完善各项工作管理机制，安全、准时和高效地完成项目施工。

项目精益化管理有待进一步增强。项目结算环节未开展设计、监理、服务在内的全口径结算，这不利于项目费用的总体把控，以及相关的分析评价工作，对精准投资产生不利影响。

四、项目措施与建议

（1）应夯实项目前期工作，加强可行性研究报告编制质量，为后续项目开展奠定坚实的基础。

（2）大修项目涉及停电作业时，牵涉部门及外部因素较多，应加强部门协调，确保停电计划准确，以实现精准开工，避免耽误工期，出现停工、窝工问题。

（3）参照电网基建项目管理方式，开展全口径结算，提高费用管控能力，提升精益化管理水平。

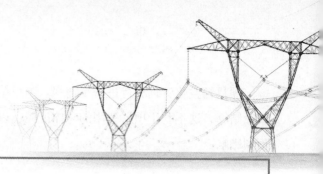

附录1

电网技术改造工程后评价报告大纲

一、项目概况

对项目的基本情况做简要的介绍和分析，包括项目情况简述、项目决策要点、项目主要建设内容、项目实施进度、项目总投资及项目运行和效益现状等。

（一）项目情况简述

介绍项目建设地点、主要改造内容、参建单位和其他特殊说明等，可配合项目改造前后对比图片。

（二）项目决策要点

介绍项目改造前运行情况、改造原因、改造必要性分析及改造后实现的预期目标等。

（三）项目主要建设内容

介绍项目可行性研究批复及实际建设的主要改造内容，项目拆除、改造或新增的设备数量、类型等。

（四）项目实施进度

介绍项目关键节点实际实施时间，如项目启动前期工作时间、完成可行性研究时间、项目可行性研究获得批复、核准（或备案）时间，初步设计批复时间，开工时间，整体竣工投产时间，工程决算时间等。

（五）项目总投资

介绍项目可行性研究估算、投资计划、初步设计概算、竣工决算等投资情况及资金到位情况。

（六）项目运行及效益现状

描述项目投运后至后评价时点的运行状况，根据不同改造目的分别阐述在适应电网发展、提升输电能力、设备等效利用率和节能环保水平等方面的效果及相关指标，如技术改造后生产能力变化、设备可用率、装置动作正确率、电压合格率、线损率等指标提升情况。

二、项目前期工作评价

评价项目可行性研究报告质量、项目评审的合理性、项目立项的合规性及项目决策的科学性等。

（一）项目前期组织评价

通过结合生产技术改造项目年度储备重点、改造原则等文件，评价项目决策的必要性、立项依据的充分性和组织流程的规范性。

（二）项目规划评价

针对第三、四类项目，通过计算规划项目响应程度，评价项目规划合理性。

（三）项目可行性研究评价

1.可行性研究报告编制深度评价

通过评价可行性研究报告的内容是否完整，编制格式和深度是否符合相关管理规定的要求。

2.项目可行性研究报告审批评价

通过分析可行性研究报告的编制、评审、批复等组织情况，评价编制单位资质、审批流程及质量是否符合相关管理办法的要求。

三、项目实施管理评价

（一）项目实施准备工作评价

按照开工前充分做好准备工作的要求，对项目是否适应建设和施工需要，以及实施准备工作的合理性和合规性进行评价。评价内容主要包括初步设计评价、施工图设计评价、招标采购评价、施工组织设计评价等。

（二）项目实施过程评价

对项目从开工建设到竣工投运过程中各项工作的评价，考察管理措施是否合理有效，预期的控制目标是否达到。评价主要内容包括合同执行与管理评价、进度管控评价、变更和签证评价、投资控制评价、质量管理评价、安全控制评价和物资拆旧及利旧评价等。

四、项目竣工验收阶段评价

（一）项目验收工作评价

全面考核建设工作，检查是否符合设计要求和工程质量的重要环节，对促进项目（工程）及时投产、发挥投资效果、总结建设经验有重要作用。

（二）项目结、决算管理评价

通过对项目结算计费依据，工程决算和转资及时性、正确性等情况进行评价，判断项目资金闭环管理水平。主要评价内容包括结算审价管理评价和决算转资管理评价。

（三）档案管理评价

评价项目归档工作是否在规定的时间内完成，是否包括项目前期、实施、竣工、结决算等全过程档案资料，评价文档内容是否字迹清晰、图标简洁、签字盖章手续是否完备。

五、项目运行效益评价

（一）项目运营绩效评价

对项目竣工投入生产运行后的实际运营情况及效果进行评价，主要评价项目的安全、效能和效益。

（二）项目社会效益评价

评价生产技术改造工程对区域经济社会发展、产业技术进步、服务用户质量等方面有何影响及促进作用，总结分析项目对各利益相关方的效益影响。

（三）项目环境影响评价

对项目从可行性研究到环境保护验收阶段的环境保护指标、环境保护措施及成果、对地区环境影响和生态保护等方面的评价。

六、项目后评价结论

通过归纳和总结，从项目整体的角度，分析、评价项目目标的实现程度、成功度。对项目进行综合分析后，找出重点，深入研究，给出后评价结论，总结问题和经验教训，提出建议和措施。

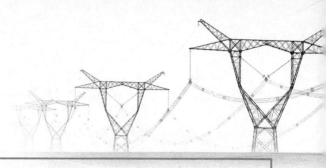

附录2

电网技术改造工程后评价收集资料清单

序号	文件
前期决策阶段	
1	项目储备证明文件
2	可行性研究报告
3	可行性研究编制委托书或中标通知书
4	可行性研究编制单位资质证书
5	可行性研究报告评审意见
6	项目批复（或核准）发文
7	可行性研究调整及其批复
8	项目投资计划发文及附表（跨年项目提供各年投资计划）
9	项目立项发文，调整、增补发文及附表
10	项目建设资金落实证明文件或配套资金承诺函
实施建设阶段	
11	设计、施工、监理、主要设备材料招投标有关文件（招标方式，招标、开标、评标、定标过程有关文件资料，评标报告，中标人的投标文件，中标通知书等）
12	勘测设计、施工、监理及其他服务合同
13	物资采购合同（若无法提供合同原件请提供合同数量及总金额）
14	合同变更单
15	项目开工报告、分部分项工程各类开工报审表
16	施工图设计委托书或中标通知书
17	项目施工图设计文件（终版）
18	项目施设预算书
19	施工图设计会审及设计交底会议纪要
20	施工图交付记录

序号	文件
21	项目施工图设计批复文件
22	设计总结
23	设计变更单
24	工程里程碑进度计划或一级网络计划
25	施工组织设计报告、施工方案、创优实施细则
26	施工总结
27	监理规划、监理实施细则、监理月报
28	监理工作总结
29	建设单位总结
30	启动调试阶段的总结报告
31	工程结算报告及附表
32	工程结算审核报告及审核明细表
33	竣工验收报告
34	主要设备材料的采购台账（含设备材料名称，数量、金额等）和招标材料
投产运行阶段	
35	项目运行情况报告、月度总结等相关资料
36	相关设备技术改造大修前评估报告或相关资料
37	退役设备技术鉴定报告、再利用及运行情况报告
38	LCC基础参数
财务相关资料	
39	合同支付台账
40	工程决算报告及附表
41	工程决算审核报告及审核明细表
42	项目建设期、运营期纳税情况
43	项目运行单位资产负债表、利润表和成本快报表
44	项目运行单位折旧政策表
45	项目融资情况详表及还款计划

注 收集资料清单内容供参考，实施过程中可根据项目具体情况进行调整。

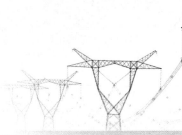

附录3

电网生产技术改造工程后评价参考指标

一级指标	二级指标	评价指标	序号	指标说明
项目前期工作评价	项目前期组织评价	项目立项合规性	1	有正式的设计方案（文件）
		项目决策科学性	2	方案设计经过评审、批准
	项目规划评价	规划项目响应度	3	评价项目规划合理性 规划项目响应度=[（实际实施项目中来源于规划的项目数量/实际实施的项目数量）×0.5+（实际实施项目中来源于规划项目投资金额/实际实施项目投资金额）×0.5]×100%
	项目可行性研究评价	可行性研究报告深度	4	有切实、完整的可行性报告，满足深度规定
		可行性研究一致率	5	评价可行性研究技术方案质量 可行性研究一致率=0.5×（1-|初步设计建设规模-可行性研究建设规模|/可行性研究建设规模）×100%+0.5×(1-|初步设计建设投资-可行性研究建设投资|/可行性研究建设投资)×100%
		可行性研究评审合理性	6	可行性报告经过评审、批准；立项决策科学、合理
项目实施准备工作评价	项目初步设计评价	初步设计内容深度	7	设计文件深度满足生产改造要求
		初步设计一致率	8	评价初步设计技术方案质量 初步设计一致率=0.5×（1-|实际建设规模-初步设计建设规模|/初步设计建设规模）×100%+0.5×（1-|实际建设投资-初步设计建设投资|/初步设计建设投资)×100%
	项目施工组织设计评价	施工组织设计内容深度	9	设计文件深度满足生产改造要求
		施工组织设计一致率	10	评价施工组织设计技术方案质量 施工组织设计一致率=0.5×（1-|实际建设规模-施工组织设计建设规模|/施工组织设计建设规模）×100%+0.5×（1-|实际建设投资-施工组织设计建设投资|/施工组织设计建设投资）×100%
		施工组织设计交底及时性	11	施工图设计会审及设计交底及时

一级指标	二级指标	评价指标	序号	指标说明
项目实施准备工作评价	项目招标评价	招标执行情况	12	采购程序符合公司采购管理规定
	项目施工组织设计评价	施工组织设计合理性	13	施工组织设计内容全面，合理、科学
项目实施过程评价	项目合同执行评价	合同签订及时性	14	合同签订及时规范
		合同范本应用率	15	合同范本应用率=范本合同数量/合同总数×100%
		合同条款履行情况	16	合同条款履行良好
	项目进度控制评价	工期偏离率	17	工期偏离率=（实际工期-计划工期）/计划工期×100%
		项目按期完成率	18	项目按期完成率=（按期完成工程数量/实际完成工程数量×0.5+按期完成工程的投资/实际完成工程的总投资×0.5）×100%
	项目变更和签证管理评价	变更和签证管理情况	19	变更和签证手续完备
		设计变更金额比例	20	设计变更金额比例=设计变更金额/总投资
		重大设计变更比例	21	重大设计变更比例=（0.5×重大设计变更数/设计变更总数+0.5×重大设计变更金额/设计变更金额）×100%
	项目投资控制评价	投资节余率	22	投资节余率=（批准概算-竣工决算）/批准概算×100%
		计划项目变更率	23	计划项目变更率=［∑变更项目数量/投资计划中项目总数）×0.5+（∑变更项目总金额绝对值/投资计划金额）×0.5］×100%
		投资计划完成率	24	投资计划完成率=年度生产技术改造实际完成投资/年度生产技术改造计划投资×100%
	项目质量管理评价	项目质量优良率	25	项目质量优良率=质量优良项目/项目总数×100%
		单位工程一次验收合格率	26	单位工程一次验收合格率=单位工程一次验收合格数量/全部单位工程数量×100%
	项目安全控制评价	安全措施情况	27	安全措施充分
		人身事故情况	28	未发生人身事故
		火灾或系统、设备事故情况	29	未发生火灾或系统、设备事故
	物资拆旧及利旧评价	报废设备的（平均）净值率	30	报废设备的净值率=设备报废时的账面净值/设备原值×100%
		更换设备的成新率	31	更换设备的成新率=更换的设备已使用年限/设备设计使用年限×100%
		110kV及以上主要设备平均退役时间	32	评价主要设备平均退役时间 主要设备包括变压器、断路器、继电保护设备、变电站自动化系统
		退役设备拆除保护措施评价	33	设备拆除保护措施完整有效

续表

一级指标	二级指标	评价指标	序号	指标说明
项目实施过程评价	物资拆旧及利旧评价	退役设备再利用方案评价	34	退役设备再利用方案科学合理
项目竣工验收阶段评价	竣工验收评价	验收组织及缺陷处理	35	全面实现立项目标
	结、决算评价	结、决算、转资及时性	36	结、决算编制合理，流程符合要求
			37	资金支付及时
	档案管理评价	档案管理情况	38	归档工作在规定时间内完成，归档资料齐全，手续完备
项目运营绩效评价	安全指标	设备事故、事件减少情况	39	对比改造前后一定时期内设备总体故障减少情况
		继电保护正确动作提升率	40	继电保护正确动作提升率＝改造后继电保护正确动作率－改造前继电保护正确动作率
		中压线路故障降低率	41	中压线路故障降低率＝改造前中压线路故障率－改造后中压线路故障率
		安自装置正确动作提升率	42	安自装置正确动作提升率＝改造后安自装置正确动作率－改造前安自装置正确动作率
	效能指标	设备技术指标改善情况	43	对比改造前后设备相关参数的改善情况
	效益指标	技术改造投资节约率	44	按照资产全生命周期成本方法对项目实施效益进行评价
其他方面评价	项目社会效益评价	社会效益	45	取得良好的社会效益
	项目环境效益评价	环境效益	46	各项环境保护指标达标，环境效益良好

注 以上指标仅供参考，实际操作中需根据项目具体情况设立评价指标。

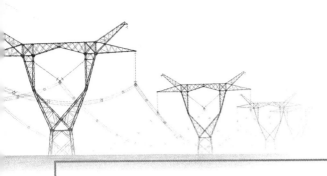

附录4

电网检修工程后评价报告大纲

一、项目概况

对项目的基本情况做简要介绍，包括项目情况简述、项目主要建设内容、项目建设里程碑、项目总投资、项目运行效益现状，突出反映项目的特点。

（一）项目情况简述

检修项目地点（附项目地理接线图）、项目业主单位、项目参建单位。

（二）项目主要检修内容

阐述项目完成的检修工作、项目周期各个阶段的起止时间、时间进度表等。

（三）检修成效

项目运行现状及检修前后效能改善情况等。

二、项目前期工作评价

（一）项目前期组织评价

对项目前期组织工作的主要内容进行回顾与总结，从运行设备现状、设备安全性、效能与成本、政策适应性等方面评价项目立项的必要性，从各个决策流程执行情况评价项目决策流程的规范程度。

（二）可行性研究报告编制深度评价

从报告内容完整性、可行性研究报告深度、项目实施方案技术水平与可行性研究估算书的规范程度等方面评价项目可行性研究报告的编制质量情况。

（三）项目可行性研究报告审批

分析可行性研究报告的编制、评审、批复等组织情况，评价编制单位资质、审批流程及质量是否符合相关管理办法的要求。

三、项目实施管理评价

（一）项目实施准备工作评价

对项目实施准备工作进行评价，项目实施准备工作评价主要包括设计阶段评价、招标采购评价及开工准备评价等。

（二）项目实施过程评价

对检修项目开工至项目验收阶段进行回顾与总结，包括对合同执行与管理、进度管控、成本管控、质量管理和安全控制等方面进行分析与评价。

四、项目竣工验收阶段评价

（一）项目验收工作评价

评价项目检修完成后的收尾工作，主要包括验收组织评价及验收结果评价。

（二）结算管理评价

评价项目是否开展结算；评价项目施工、物资、设计、监理等单位结算是否在规定时间内完成；评价审价报告是否准确、合理。

（三）档案管理评价

评价项目相关材料是否按要求进行归档，归档工作是否在规定的时间内完成，文档内容是否字迹清晰、图标简洁，签字盖章手续是否完备。

五、项目运行效益评价

（一）项目运营绩效评价

对电网设备检修前后的实际运营情况及检修效果进行评价，主要评价项目的安全、效能和效益。

（二）项目社会效益评价

评价电网检修工程对区域经济社会发展、产业技术进步、服务用户质量等方面有何影响及促进作用，总结分析项目对各利益相关方的效益影响。

（三）项目环境影响评价

根据实际测量的项目环境敏感点数据，对照相应标准，评价项目实际污染和破坏限制是否符合环境标准要求。对照环境影响报告书/表批复的环境保护措施，评价项目的落实情况。评价项目对周围地区在自然环境方面产生的作用、影响及效益。

六、总结与分析

归纳和总结项目后评价结论和主要经验教训，并从项目整体的角度分析项目目标的实现程度，定性总结项目的成功度。根据项目后评价过程中发现的问题，以及国家或行业政策等外部环境的变化，提出合理、科学和有效的建议和措施。

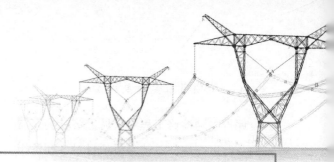

电网检修工程后评价收集资料清单

序号	文件
前期决策阶段	
1	项目储备证明文件
2	可行性研究报告
3	可行性研究编制委托书或中标通知书
4	可行性研究编制单位资质证书
5	可行性研究报告评审意见
6	项目批复（或核准）发文
7	可行性研究调整及其批复
8	项目投资计划发文及附表（跨年项目提供各年投资计划）
9	项目立项发文，调整、增补发文及附表
10	项目建设资金落实证明文件或配套资金承诺函
实施建设阶段	
11	设计、施工、监理、主要设备材料招投标有关文件（招标方式，招标、开标、评标、定标过程有关文件资料，评标报告，中标人的投标文件，中标通知书等）
12	勘测设计、施工、监理及其他服务合同
13	物资采购合同（若无法提供合同原件请提供合同数量及总金额）
14	合同变更单
15	项目开工报告、分部分项工程各类开工报审表
16	施工图设计委托书或中标通知书
17	项目施工图设计文件（终版）
18	项目施设预算书
19	施工图设计会审及设计交底会议纪要
20	施工图交付记录

序号	文件
21	项目施工图设计批复文件
22	设计总结
23	设计变更单
24	工程里程碑进度计划或一级网络计划
25	施工组织设计报告、施工方案、创优实施细则
26	施工总结
27	监理规划、监理实施细则、监理月报
28	监理工作总结
29	建设单位总结
30	工程结算报告及附表
31	工程结算审核报告及审核明细表
32	竣工验收报告
投产运行阶段	
33	相关设备技术改造大修前评估报告或相关资料
34	LCC基础数据
财务相关资料	
35	合同支付台账
36	项目建设期、运营期纳税情况
37	项目运行单位资产负债表、利润表和成本快报表
38	项目运行单位折旧政策表
39	项目融资情况详表及还款计划

注　收集资料清单内容供参考，实施过程中可根据项目具体情况进行调整。